狼道

LANGDAO

金国强——编著

扫码收听全套图书

扫码点目录听本书

成都地图出版社

图书在版编目(CIP)数据

狼道 / 金国强编著. -- 成都 : 成都地图出版社有限公司,
2019.4(2020.10 重印)
ISBN 978-7-5557-1162-9

Ⅰ. ①狼… Ⅱ. ①金… Ⅲ. ①成功心理－通俗读物
Ⅳ. ①B848.4-49

中国版本图书馆 CIP 数据核字(2019)第 064597 号

狼道
LANGDAO

编　　著：金国强
责任编辑：游世龙
封面设计：松　雪
出版发行：成都地图出版社有限公司
地　　址：成都市龙泉驿区建设路 2 号
邮政编码：610100
电　　话：028-84884648　028-84884826(营销部)
传　　真：028-84884820
印　　刷：三河市众誉天成印务有限公司
开　　本：880mm × 1270mm　1/32
印　　张：6
字　　数：136 千字
版　　次：2019 年 4 月第 1 版
印　　次：2020 年 10 月第 14 次印刷
定　　价：35.00 元
书　　号：ISBN 978-7-5557-1162-9

前 言

狼是一种值得学习的动物，在狼的身上，有许多值得人们学习的精神。 这些精神都是成功人士必备的精神，人生想要获得成功，就需要知道通向成功的密码，狼道，是你人生走向成功的宝贵智慧。

狼道，是追求卓越的野心，是猎获成功的目标。

狼道，是一往无前的勇气，是不屈不挠的毅力。

狼道，是舍我其谁的自信，是挑战困难的积极。

狼有着这样的韧性，那就是对猎物坚定不移的追赶。 它能够将自己的全部力量集中在锁定的猎物上，即使成功的机会十分微小，但是它们决不会轻言放弃，结果，成功的确到来了。

忠诚是一种美德，更是一种风骨。 在狼族世界里，它们不可能知道这样的概念，但它们知道这样去做。 同时它们知道，即便是残废了也要好好地活着，不单单是为了自己，更是为了同伴对自己的忠诚。

目标对狼来说是最大的事情，因为那是它们生命所在。 在狼的生命里，没有什么东西可以代替锲而不舍的精神，因为它使狼得以历尽千辛万苦生存下来。 随着我们对社会的支配能力的日益增加，我们也应该对我们的目标进行不舍的追求。

狼的团队合作精神和集体观念，是其他任何动物都无法比的，它们成群行动，齐心协力，通力合作。在狼群中，每一头狼都在扮演重要的角色，在狼还在幼年的时候，它们就耐心地训练承担领导狼群的重担了，它们认为生活本来就应该是这样的。其实，成功的团队都是如此，每一位成员不仅要承担自己的义务，还要随时准备承担更大的责任。

为了生存，狼必须学会坚韧，否则的话，将会成为其他动物的猎物或者被饿死，欺软怕硬是动物的天性，弱肉强食是自然的规律。逆境生存，王者必胜，靠的就是坚韧。命中注定，狼将处于孤独、荒凉与寂寞中，因为，狼学会了忍耐，它盘踞在荒原的一角，屏息一待，在激情与体能全面爆发的那一刻，向敌人发起最猛烈的攻击。

狼的生存，就是在恶劣的环境中坚强地创造生存空间；狼的团体，就是在充满争斗的对手中组织强大的团队力量；狼的智慧，就是在强者之列不断竞争、超越。

狼道，实际上就是今天的优秀者、成功者可贵的人道，是那些敢于向命运挑战，永不服输，安身立命者不可或缺的人道，也是我们在竞争中立于不败的人道！没有其他动物能像狼一样让人敬佩，值得学习。

狼性文化，顾名思义，是一种带有野性的拼博和竞争精神。

本书从多方面对狼道、人道进行诠释，既是一本个人生存的智慧之书，又是一本关于团队管理之书，更是一本企业发展应奉行的准则之书，你可以从其中找到你最需要的精神力量。

2019 年 3 月

扫码点目录听本书

目 录

第一章　忍躁求稳，百炼成刚：狼族战无不胜的战斗谋略

扫码收听全套图书

扫码点目录听本书

无法避免，那就忍受

扫码点目录听本书

“要是你无法避免，那你的职责就是忍受。如果你命运里注定需要忍受，那么说自己不能忍受就是犯傻。”这是一句至理名言，它告诉我们忍耐的必要性。

一位年轻人毕业后被分配到一个海上油田钻井队工作。在海上工作的第一天，领班要求他在限定的时间内登上几十米高的钻井架，把一个包装好的漂亮盒子拿给在井架顶层的主管。年轻人虽然不情愿，但还是拿着盒子，快步登上狭窄的、通往井架顶层的舷梯，当他气喘吁吁、满头大汗地登上顶层，把盒子交给主管时，主管只在盒子上面签下自己的名字，又让他送回去。于是，他又快步走下舷梯，把盒子交给领班，而领班也是同样在盒子上面签下自己的名字，让他再次送给主管。

年轻人看了看领班，犹豫了片刻，又转身登上舷梯。当他第二次登上井架的顶层时，已经浑身是汗，两条腿抖得厉害。主管和上次一样，只是在盒子上签下名字，又让他把盒子送下去。年轻人擦了擦脸上的汗水，转身走下舷梯，把盒子送下来，可是，领班还是在签完字以后让他再送上去。

年轻人终于开始感到愤怒了。他尽力忍着不发作，擦了擦满脸的汗水，抬头看着那已经爬上爬下了数次的舷梯，拿起盒子，步履艰难地往上爬。当他上到顶层时，浑身上下都被汗水浸透了，汗水顺着脸颊往下淌。他第三次把盒子递给主管，主管看着他慢条斯理地说："领班签字以后让他再送上来。"

年轻人撕开盒子外面的包装纸，打开盒子，里面竟然只是两个玻璃罐：一罐是咖啡，另一罐是咖啡伴侣。年轻人终于无法克制心中的怒火，把愤怒的目光射向主管。当场把盒子扔地上之后，感到心里痛快了许多，刚才的愤怒发泄了出来。

这时，主管站起身来，直视他说："对不起，你可以走了。不过，看在你上来三次的份儿上我可以告诉你，刚才让你做的这些叫作'承受极限训练'，因为我们在海上作业，随时会遇到危险，这就要求队员们有极强的承受力，承受各种危险的考验，只有这样才能成功地完成海上作业任务。很可惜，前面三次你都通过了，只差这最后的一点点，你没有喝到甜咖啡。"

忍耐，大多数时候都是痛苦的，因为忍耐会使我们寂寞和孤独，会使我们感到压抑，会使我们在一段时期之内不能实现自己的抱负。而且很多时候，这种痛苦是常人所不能承受的。但是，成功往往就是在你忍耐了常人所无法承受的痛苦之后，才出现在你面前的，希望就在拐角附近，也许当你转弯之后，就会得到自己梦寐以求的东西，所以，千万不要在成功之前轻言放弃。

作为普通人，我们不可能经常面对金钱、权力与美色，但在我们的生活中也经常存在着各种各样或大或小的诱惑。比如：你明明知道吸烟对身体不好，却因为吸烟的快感放纵自己继续吸烟；明明知道努力学习有利于今后的成功，却难以放弃现在轻松自在的生活而投入紧张的学习中。

在一粒芝麻与一个西瓜之间，你一定明白什么是明智的选择。也许某种诱惑能满足你暂时的虚荣，却会妨碍你获得更大的成功或长久的幸福。所以，无论在什么情况下，一定要站稳立场，耐得住寂寞。不仅一个人是这样，一个企业、一个社会也是这样。

一家著名企业招聘推销员时，公司人事经理只粗略地看了一下应聘人员的自荐材料，便说电梯坏了，于是带着几十个应聘者从1楼往位于32楼的办公室爬去。结果大多数人不是待在1楼等电梯修好，就是走了一半就放弃了。看着坚持到最后的几位应聘者，人事经理宣布："你们被聘用了。"——其他人则全部淘汰。

以爬楼梯来考核一个员工是否具有坚持不懈的精神，再合适不过。一个连几层楼梯都不愿爬的人，成不了优秀员工，更成不了优秀的推销员。

坚持不懈的付出努力，不仅是优秀推销员取得良好业绩的法宝，也是任何一个职场人士取得成功所必须要做到的。

一个人做一件事情并不难，难的是持之以恒，直到最后成功。

约翰是美国一家人寿保险公司的保险员，他花了65美元买了一辆自行车到处拉保险。不幸的是，成绩始终是一片空白。约翰感到失望，但是他毫不气馁，一天下来，不管自己多么疲倦，也要写信给白天访问过的客户，感谢他们接受自己的访问，并力请他们加入投保的行列，每一字每一句都写得诚恳感人。可是，时间一天一天地过去，依旧没有产生效果。两个月过去了，他连一个客户也没有拉到，眼看这个月工资就要泡汤了，他显得越来越烦躁，常常连晚饭也没有心情吃。他以前觉得一个人只要认真、努力地工作，就能做好任何事情，但是这回他的人生观被颠覆了。因为他辛辛苦苦、任劳任怨，却连一个客户也没有拉成。面对现实的打击，他觉得保险工作很不适合自己，想重新选择自己的职业。妻子劝告他说："坚持下去，就有盼头。你既然已经做了，为什么不坚持一段时间呢？"约翰听从了妻子的劝告。他曾想说服一个小学校长，让他的学生全部投保。然而校长对此毫无兴趣，一次一次地拒他于门外。但是他每天都到这里劝说校长，等到第 88 天的时候，当他再一次跑到校长这里来的时候，校长终于被他的诚心所感动，同意全校学生投保。他成功了！坚持不懈的精神，使他后来成了著名的保险推销员。

威廉·詹姆士曾经说过："在失败了之后，我们不仅要重整旗鼓，而且还要做 3 次、4 次甚至更多次的努力。在每个人的体内都有巨大的储备力量，但除非你懂得并坚持下去，否则它毫无意义。"

不管是在职场，还是在生活中，坚持不懈都是打开成功之门的钥匙。忍耐是思想的提高、能量的积蓄，是无声的奋斗，我们要学会忍耐，在忍耐中锲而不舍地去追求，从而实现自己的职业理想和人生志向。

狼道法则

坚韧不拔是狼群的一大特点，在狼族中，你鲜能见到轻言放弃的狼，几乎所有的狼在生存环境和各种挑战的严峻考验面前，都已经习惯了坚韧和忍耐。这是狼取得成功的保障，也是狼让绝大多数动物不能企及的地方。

忍躁求稳：挑战快速成功学

狼族在猎食的过程中，表现出令人叹为观止的忍耐力。 忍耐，就是等待一段时间，坚持一个过程，并在这段时间、这个过程中默默地奋斗下去，直到成功。

忍耐也是把痛苦的感觉或某种情绪抑制住、不使其表现出来的能力，它是意志顽强的一个前提。

有作为的个人，多数都具备这种品质。 从狼族的忍耐力磨炼中，人们可以获得很多益处，从而加强对自身忍耐力的认识、培养及提高。

修身养性，培养自己的浩然之气、容人之量，保持自己的高远志向，必须要抑制浮躁的心态。

浮躁，乃轻浮急躁之意。 一个人如果有轻浮急躁的缺点，是干不成大事的。

在工作中，常有人犯浮躁的毛病。 他们做事情往往既无准备，又无计划，只凭脑子一热、兴头一来就动手去干。 他们不是循序渐进地稳步向前，而是恨不得一锹挖成一眼井，一口吃成胖子。 结果呢？ 事与愿违，欲速不达。

人心浮气躁，不能静下心来做事，将一事无成。荀况在《劝学》中表达了这样的观点：蚯蚓没有锐利的爪牙、强壮的筋骨，但却能够吃到地面上的黄土，往下能够喝到地底的黄泉，原因是它用心专一。 螃蟹有六只脚和两个大钳子，它不靠蛇鳝的洞穴，就没有寄居的地方，原因就在于它浮躁而不专心。

战国时期魏国人西门豹，性情非常浮躁，他常常扎一条柔软的皮带来告诫自己。魏文侯时，西门豹做了邺县令。他时时刻刻提醒自己，不能浮躁，要忍躁求稳、求安求静。后来，他在邺县做出了成绩。

做事戒急戒躁，人一急躁则必然心浮，心浮就无法深入到事物的内部中去仔细研究和探讨事物发展的规律，无法认清事物的本质。气躁心浮，办事不稳，差错自然会多。

浮躁对人对己都没有好处，假如狼在漫长的狩猎过程中，忍受不了饥饿，忍受不了蚊虫的折磨，那么它势必会惊动猎物，被活活饿死。无论狩猎还是生存，我们切忌心浮气躁，而应该学习狼族的忍耐精神。

2007 年，有一部军事题材的电视剧非常火爆，那就是《士兵突击》。其中王宝强饰演的许三多给观众留下了深刻的印象。

青山绿水之间，人们日出而作、日落而息，笨拙且经常被人欺负的农村孩子许三多就生活在这里。但有一天，他的命运被改变了，因为史今班长的一个承诺，他和村里聪明世故的成才一起进了新兵连。

在需要像成才那样聪颖、灵巧的年轻人的部队，迟钝、缺心眼儿、一根筋的许三多步入了绝境，连长讨厌他，班副伍六一排斥他，老乡成才也觉得很没面子，骡子与马的区别显而易见。新兵训练结束了，许三多被分到了偏远艰苦的后勤管道维护班五班，一同来部队的老乡成才则去了鼎鼎大名的钢七连。在红三连二排五班的半年里，许三多并没有像五班的其他人一样浑浑噩噩虚度日子，他一个人踏踏实实地做了一件有意义的事情——铺路，让五班班长和其他士兵惭愧不已。

后来一个偶然的机会，团长知道了许三多一人修路的事情，把他调回了团部，并安排他进了钢七连——一个铁骨铮铮、傲气冲天的连队。连长高城说什么也不同意，但在班长史今的恳求下，许三多还是被留下了，被安插在史今的班里——钢七连一排三班，从此开始了他真正意义上的士兵生涯。

到了钢七连后，许三多越来越没有信心：对长途高速奔袭、潜伏侦察一无所知，错误不断；作为装甲侦察兵，他竟然晕车；周围的人都比他强，身边的战友都排斥他……许三多拖累了全班的成绩，甚至危及史今班长的前程。

班长认为自己当初既然答应他父亲，要把他带成堂堂正正的兵，那么自己一定要负责，所以他始终耐心地启发、教导许三多。在一次保养战车时，班长为了鼓励许三多就让他帮忙拆履带，自己掌钎，许三多抡锤。但第一锤他就把班长的手给砸伤了，气得旁边的伍六一直跺脚。许三多吓傻了，认为自己什么都干不好，绝望地哭了起来。班长气得骂他，说他是逃兵。最后在班长的鼓励下，许三多再次抡锤，这时，他手中的铁锤一锤接一锤地砸了下去，准确地砸在铁钎上。

为了克服晕车，班长让许三多练习腹部绕杠，他一次次地在单杠上旋转，又一次次摔下来。在一次全团考核中，许三多惊人的记忆力让全连上下大吃了一惊。为了向连长证明许三多有实力，班长要许三多腹部绕杠，他一口气绕了333个，远远破了伍六一以100个大回环破的集团军纪录，这一次他给班长长了脸，连长开始对他刮目相看。

渐渐地，许三多成为连里训练和比赛的尖子。而班长史今由于年龄的原因，也因为许三多的表现突出，他申请了退伍复员。为了将班长留下而拼命训练出成绩的许三多蒙了……

在离别的痛苦和艰苦的训练中，许三多成长了起来。然而他所在的钢七连却因为军事改革的需要，奉命改编。

短短时间内，战友一个个走了，营房只剩下连长和他两个人。虽然只有两个人，但是许三多坚守着七连的纪律，每天坚持出操、跑步，吃饭前喊口令、唱歌，不但让别的连队汗颜，连长高城也惭愧得不行。

最后连长也调到另外的部队，一直依附于班长和战友的许三多成了钢七连的最后一个兵，留守看护着以往充溢着青春热血的营房。许三多无怨无悔地承受着孤独和失落，时间长了甚至开始自言自语。但靠坚持和每天一成不变的行动，许三多默默坚守着……最后他凭着自己的坚忍、执着、沉稳，成了优秀的特种兵。

许三多的成功给现代人很深的思考，在因 CPI 上涨、房价浮动、股市起落而略显浮躁的中国社会，许三多的迟钝、笨拙、一根筋、不抛弃不放弃，感召着人们跟现实相悖的内心，为我们提供了一次自我反思的契机。《新周刊》一篇名为《“许三多”成为浮躁社会的反义词》的文章里说：“这种钝感的力量，是一种社会稀缺资源，是快速成功学的反义词，是功利职业伦理的反义词、机会主义的反义词，甚至是这个浮躁社会的反义词……”

从许三多的身上，我们可以学到很多东西，譬如善良、真诚、认真、执着、忍耐。中国文化给人的感觉一直是沉稳、含蓄，就如太极拳般心平气和、不急不躁。但是，中国经济正在高速发展，物质水平不断提高，人们的心态和处世态度少了耐心，多了急躁；少了冷静，多了盲目；少了脚踏实地，多了急于求成。莫非现代社会的快节奏和高压力，必然会助长浮躁之风吗？

浮躁是一种情绪，一种并不可取的生活态度。人浮躁了，会终日处在又忙又烦的应急状态中，脾气会暴躁，神经会紧绷，长久下来，会被生活的急流所裹挟。

所以，我们必须向许三多学习，学会认真、执着、坚韧，让浮躁在忍耐中沉淀。

狼道法则

凡成事者，要心存高远，更要脚踏实地。学会认真、执着、坚忍，让浮躁在忍耐中沉淀。

坚持不懈：耐跑会最终胜出

狼的耐性，保证了狼在保全自己实力的同时，赢得生存的机会。

草原上，一群驯鹿正悠闲自在地啃着青草。在驯鹿附近的草丛中，一群野狼饥肠辘辘地盯着它们，野狼已经两天两夜没吃东西了，正伺机对驯鹿下手。

一只驯鹿慢慢向狼靠近，它发现那里有更嫩更绿的青草。对狼来说，这是再好不过的捕食机会，狼们只要冲出草丛，轻易就能把那只驯鹿捕获。但狼群却纹丝不动，它们仍耐心地潜伏着。

一会儿，又有两只驯鹿走了出来。狼们仔细观察动静，见鹿群完全放松警惕时，突然出击，最终将它们全部猎食。

在这次捕猎的过程中，狼充分表现了它们的“耐性”。在漫长的狩猎过程中，它们要忍受变幻无常的天气和蚊子的折磨，最可怕的是它们还要忍受饥饿，长达数日没有食物。“在漫长的观察等待中，狼没有丝毫的疲倦和厌恶，它们也不会没有目的地去追逐或骚扰猎物。在这个过程，它们就像冷漠的旁观者，但它们不会放弃猎物身上的每一个细节，它们会判断最佳的狩猎时机。”

“耐性”是狼身上的一大特点，同时也是所有成大事者身上最可贵的品质。无论我们学习还是工作，眼中必须有一个“猎物”——比如升学、获奖、提薪或者晋升。为了捕获这个“猎物”，我们必须要有耐性，无论身边的诱惑有多大、困难有多大，我们都必须认准“猎物”，坚守目标。

遇事没有耐性，不能持之以恒，正是很多人最后失败的原因。英国诗人布朗宁写道：

实事求是的人要找一件小事做，
找到事情就去做；
空腹高心的人要找一件大事做，
没有找到则身已故。
实事求是的人做了一件又一件，
不久就做一百件；
空腹高心的人一下要做百万件，
结果一件也未实现。

滴水可以穿石，绳锯可以断木。如果三心二意，哪怕是天才，也会一事无成；只有依靠耐性，点滴积累，才能取得成功。勤快的人能笑到最后，耐跑的马才会最终胜出。

一位成功学大师认为，成功靠的不是力量，而是耐性与恒心。

1864年9月3日，斯德哥尔摩市郊突然爆发出一声震耳欲聋的巨响，滚滚的浓烟、火焰霎时冲上天空。当惊恐的人们赶到现场时，只见原来屹立在这里的一座工厂只剩下残垣断壁，火场旁边，站着一位30多岁的年轻人，突如其来的惨祸，已使他面无血色，浑身不住地颤抖着……

青年眼睁睁地看着自己所创建的炸药实验工厂化为了灰烬。人们从瓦砾中找出了5具尸体，4人是他的亲密助手，而另一个是他在大学读书的小弟弟。5具烧得焦烂的尸体，令人惨不忍睹。青年的母亲得知小儿子惨死的噩耗，悲痛欲绝。年迈的父亲因大受刺激而引起脑出血，从此半身瘫痪。

事后，警察局立即封锁了爆炸现场，并严禁青年重建自己的工厂。

人们像躲避瘟神一样地避开他，再也没有人愿意出租土地让他进行如此危险的实验。但是，困境并没有使青年退缩，几天以后，人们发现在远离市区的马拉仑湖上出现了一艘巨大的平底驳船，驳船上并没有装什么货物，而是装满了各种设备，青年正全神贯注地进行实验。

他就是后来闻名于世的诺贝尔。一次又一次失败之后，他终于发明了雷管。雷管的发明是爆炸学上的一项重大突破，随着当时许多欧洲国家工业化进程的加快，开矿山、修铁路、凿隧道、挖运河等都需要炸药，于是，人们又开始亲近诺贝尔了。他把实验室从船上搬迁到斯德哥尔摩附近的温尔维特，正式建立了第一座工厂。接着，他又在德国的汉堡等地建立了炸药公司。诺贝尔的炸药成了抢手货，诺贝尔的财富与日俱增。

诺贝尔一生共获专利发明权355项。他用自己的巨额财富创立的诺贝尔奖，被国际学术界视为一种崇高的荣誉。

可见，耐性与恒心是实现目标过程中不可缺少的条件，是发挥潜能的必要因素。耐性、恒心与追求结合之后，便形成了百折不挠的巨大力量。

一位青年问著名的小提琴家格拉迪尼："你用了多长时间学琴?"格拉迪尼回答："20 年，每天 12 小时。"

也有人问基督教长老会著名牧师利曼·比彻，他为那篇关于《神的政府》的著名布道词，准备了多长时间。牧师回答："大约 40 年。"

正如布尔沃所说的："恒心与忍耐力是征服者的灵魂，它是人类反抗命运、个人反抗世界、灵魂反抗物质的最有力支持，它也是福音书的精髓。从社会的角度看，考虑到它对种族问题和社会制度的影响，其重要性无论怎样强调也不为过。"

在职场上打拼，我们要像狼一样，具有一股水滴石穿的耐性，静候在猎物旁边，耐心地准备，直到一瞬间的爆发。

狼道法则

滚石不生苔，坚持不懈的乌龟能快过灵巧敏捷的野兔。如果能每天学习一小时，并坚持 12 年，所学到的东西，一定远比坐在学校里接受四年高等教育所学到的多。

希望和成功是值得忍耐的

一只幼狼从跟随母狼捕食弱小的动物开始，到成为狼群中伏击猎物的主力，要经历无数次的等待和失败。但这些对它没有任何的影响，它只会在忍耐饥饿的过程中变得更加机敏、更加仔细。每一次捕猎，都是它磨炼捕食技巧的机会。对狼群来说，希望和成功都是值得等待的，多少次的失败都没有关系，只要能捕捉到猎物，只要它们能生存下来，就是最大的成功。

传说中，西西里岛附近海域有一座塞壬岛，长着鹰的翅膀的塞壬女妖日日夜夜唱着动人的魔歌引诱过往的船只。

在古希腊神话中，特洛伊战争的英雄奥得修斯曾路过塞壬女妖居住的海岛。之前早就听说过女妖善于用美妙的歌声勾人魂魄，而登陆的人总是要死亡，奥得修斯嘱咐同伴们用蜡封住耳朵，免得他们被女妖的歌声所诱惑，而他自己却没有塞住耳朵，他想听听女妖的声音到底有多美。为了防止意外发生，他让同伴们把自己绑在桅杆上，并告诉他们千万不要在中途给他松绑，而且他越是央求，他们越要把他绑得更紧。

果然，船行到中途时，奥得修斯看到几个衣着华丽的美女翩翩而来，她们声音如莺歌燕啼，婉转跌宕，动人心弦。听着这美妙的歌声，奥得修斯心中顿时燃起熊熊烈火，他急于奔向她们，大声喊着让同伴们放下他。但同伴们根本听不见他在说什么，他们仍然在奋力向前划船。有一位叫欧律罗科斯的同伴看到了他的挣扎，知道他此刻正在遭受着诱惑的煎熬，于是走上前，把他绑得更紧。就这样，他们终于顺利通过了女妖居住的海岛。

这虽然只是一个神话故事，却反映了现实中很多的现象。比如：有的人不忍心看到自己发福的身材，下决心要减肥，不再吃那些高热量的食品了，要多吃蔬菜和水果，可是一看到美味的东西，马上就不由自主地享用了，把自己的决心忘得一干二净；也有的人立志要好好学习，不辜负父母的期望，可是一看到别人在玩儿就马上参与进去，把书本丢到一旁；还有的人没有把自己的工作完成，一看到具有诱惑力的新闻或者八卦，马上就放下手头的工作去关注……这样毫无自制力的人很难实现自己的理想，也很难看到未来的希望，因为他总是在希望到来之前放弃希望，在梦想实现之前忘记理想。

塞万提斯说过，忍耐是一帖利于所有痛苦的膏药。 很多时候，忍耐和等待是成功之前最后的一道坎儿，只要我们能坚持下去，就会得到意想不到的收获。

小崔的梦想是成为一名优秀的设计师。为了实现这个梦想，他考上了北京一所著名大学的平面设计专业，平面设计学得也特别扎实。

经过三年的学习和等待，他以为自己终于要实现自己的梦想了。可是，现实与理想的差距让他差点儿崩溃。

毕业以后，他只身来到深圳，以为自己的学历和能力都很强，怎么也得找到一个设计师的工作，可是，过去三个月了，他在人才市场奔波却不见一点儿机会，投出去的简历如石沉大海，没有一点儿回音。为了维持生存，他只好选择了深圳的一家广告公司去当业务员。他终于了解到，应届毕业生一开始就当上设计师的实在是凤毛麟角，在招聘者眼里，刚毕业的大学生最多只能做一些辅助性的工作。

在三个月试用期里，小崔每月只有500元底薪。可以想象，在深圳这个高消费的城市里，这区区500元也只够他跑业务的路费。

而且，对于刚刚来到深圳的人来说，业务员的工作也不是那么简单的。在盛夏的季节，他拿着公司的价目表，像一只无头苍蝇一样到处乱闯。40天过去了，连一单广告也没拉到。后来在一位好心人的帮助下，小崔终于拉到了第一张订单，他欣喜若狂。接着，他又陆续拉到了一些小单子，基本上可以解决温饱了。

但就是在这样的情况下，小崔依旧没有忘记自己做设计师的梦想。做业务员只是为了等待时机，不管业务多么繁忙、经济多么拮据，他每天都坚持看书学习，完善自己在大学时做的一些设计；在工作空闲的时候，他也会偷溜到设计部，看公司的那些设计师如何在电脑上设计，并虚心地向他们请教。

在这种枯燥的等待当中，小崔度过了两年的时光。功夫不负有心人，机会终于来了。一天，他在去收客户的剩余款项时才发现，那家公司不知何时搬了家，负责人的电话也停机了，距离公司规定结清广告款的时间只有两天了。他想尽了一切的办法，依然没有找到这家公司的消息，于是小崔果断地做出了一个决定——自己主动补上这个窟窿。

而这件看起来是吃亏的事情改变了小崔的命运，一周之后，公司的老总从财务那里知道了这件事，感到非常意外，就从人力资源部那里要了小崔的简历，重新翻看了一下，当他发现小崔学的是工艺美术之后，决定给他一个机会。

小崔就这样当上了公司的设计师。

后来公司接了一个从某著名广告公司转来的近百万元的大型楼盘广告，因为客户对原来那家公司的设计方案不满意，就临时转到了小崔的公司，由于工作要求很急，事先也没打任何招呼，公司的设计师大多放假回家了，所以老总非常着急地找到小崔，问是否有把握。这又是一个机会，小崔在详细了解了客户的设计要求之后，做了肯定的回答。

春节期间，别人都在享受着节日的盛宴，小崔却吃住在办公室，每天只睡三四个小时。有时候为了一个创意，常常在电脑前一坐就是几个小时。慢慢地眼睛开始流泪，眼角发涩发疼，他总是使劲揉一揉，或者跑到洗手间里用冷水洗一洗，感觉眼睛舒服些了后又开始忙活。

草案拿出之后，老总就放心了，客户那边的反馈也非常不错，说很好地体现了他们的意图。春节过完的时候，最后的方案也完成了，而且刊登之后，各方面的反映都很满意。这个偶然事件充分证明了小崔的实力。

他终于在业务上脱颖而出，成了公司的主力设计师，月薪涨到了6000多元，又过了半年，被提升为经理。

小崔是一个善于抓住机遇的人，一个刚毕业的大学生只身来到深圳，在巨大的压力面前没有倒下，而是不停地工作、学习、充电，在等待中充实自己，寻找机会。最后终于得到了很好的回报，职位不断提升，收入不断增加。小崔的事例告诉我们一个道理：既然暂时没有机会，那么就要学会在等待中寻找机会。

谚语云："万事皆因忙中错，好人半自苦中来。"要成就一件事情，须观察时机，等待因缘，急不得的。受苦忍耐是一种承担、一种处理、一种等候，许多事业有成者都在忍耐多次失败后，愈挫愈勇，最后才取得成功。与其幻想一夕有成，不如在艰难困苦当中忍耐，一旦时机成熟，必然水到渠成。

狼道法则

很多时候，失败只是我们内心深处的一种感觉，是一种受到阻碍和磨难时的悲观失望。在狼的世界里是没有失败的，因为每一次失败都是在为下一次的成功做准备。只要我们有足够的信心和勇气，有坚持和努力，就能证明自己，看到希望的曙光，实现自己的梦想。

忍耐只是手段，收获才是目的

在人的印象中，狼往往是凶残而愚蠢的，实际上，狼是相当聪明的动物。对付大群的猎物时，狼群往往会在一个合适的区域连续不眠不休等上几个昼夜。单只的狼在面对强大敌人的时候也是如此，往往会先潜伏下来，默默地承受，静静地等待，真真正正地忍气吞声，然后等待最佳时机，争取一击必杀。

忍人所不能忍，成人所不能成，大丈夫也！能耐就是能够忍耐。当你接受命运挑战的时候，当你受到不公待遇的时候，必须学会忍耐。只有忍耐才能让你站得更高、看得更远，让所有的痛苦都在忍耐中淡化、所有的不公都在忍耐中消失，那么你就会有更大的抱负，去接受一切挑战。

韦文军，深圳装修装饰行业的传奇人物。其麾下的“家天下”装饰设计有限公司在短短几年内迅速崛起，年纯盈利逾百万元。对于其传奇般的发家史，韦文军自己毫不避讳：“其实我是刷马桶出身。”

1978年5月，韦文军出生于广西壮族自治区百色地区的一个果农家庭。16岁那年，韦文军如愿以偿考入南宁美术中专学校。1997年，刚毕业的韦文军怀着美好的愿望来到了热土深圳。脚一落地，韦文军便马不停蹄找到一家最有名的装修设计公司面试。这家公司老板姓罗。

第一天应聘时的情景韦文军现在仍记忆犹新。那天，他忐忑不安地走进总经理办公室，进门就说：“你好，我叫韦文军，今年才毕业……”话还没说完，老板头都没抬一下，不耐烦地大手一挥：“出去，出去！我们不要才毕业的！”韦文军当时感觉自己的喉咙好像被石块堵住了一样，嗓子眼儿酸酸的，心里十分难受。但他仍小心翼翼地说：“虽然我才毕业，但是我挺有天分的……”罗老板粗暴地打断了他，高声说：“出去，出去！我们员工个个都有天分！出去……”

韦文军马上拿出作品放到桌面上，罗老板扫了两眼，感觉还有点意思，耐着性子对韦文军说：“我们这里是无纸化办公，要求熟练操作电脑。”韦文军连连说：“我会，我会电脑！”软磨硬泡之下，罗老板答应试用他几天。没过几天，罗老板又走过来请韦文军走人，原来罗老板看出他只是会点皮毛，缺乏实际操作经验，只能算是个土坯人才，根本不适应公司快节奏的运作，只有再次劝韦文军另谋高就。

如此三番五次的“摧残”，换了别人早就打退堂鼓了，偏偏韦文军是个天性倔强的孩子，他成为一个轰不走的应聘者，竟然“赖”在这家公司不走了。

有人曾对他说过，在深圳自尊心最不值钱。一个人只有战胜自己的恐惧跟小小的面子，才能在这块土地上立足。

韦文军表示，他只想学电脑，不要公司任何报酬，只要管他吃住就可以了，并且每天为公司打扫卫生。罗老板算了一算，反正自己没亏，还多了一个免费的服务生，何乐而不为？但最后开了一个苛刻的条件——韦文军必须负责每天打扫公司的男女卫生间，包括刷马桶。没想到韦文军竟一口答应下来了。

这家装修公司从此多了一个忙碌的身影。韦文军每天要把近700平方米的办公场所里里外外打扫个遍。从清晨一直干到中午，其间简单扒口饭，然后接着打扫厕所。等全面清洁工作做完后，大半天时间也就过去了。余下时间韦文军便坐在别人电脑前，看着别人操作。等大部分人下班后，韦文军再收拾一遍众人留下来的垃圾，匆匆吃过晚饭，趁着夜深人静看各种专业书籍，并且上机练习操作。

刚开始，公司里没人把这个“小广西”放在眼里，因为在他们看来，韦文军不过是一个跑堂的“小书童”。由于装修设计行业人才竞争白热化，大多数人不愿将自己的技能授予他人，甚至对韦文军坐在身边都抱有戒心。曾有一位女同事当众对韦文军说：“请你以后不要坐在我身边，你身上一股子垃圾的馊味儿搞得我想吐，难道你自己闻不到吗?”年轻的韦文军怎受得了如此奚落?可又不好当场发作，他只好跑到大厦防火楼道，背着人大哭了一场。

后来，韦文军觉着自己太缺乏建筑常识，想到总工程师那里去“偷艺”。他瞄准空子给总工端上一杯热茶，总工头都没抬一下说：“你刷完马桶洗手没有啊?”韦文军并没有轻易退却，他发现，这位总工每晚动笔之前必喝一口白酒，于是韦文军动用自己不多的积蓄买来各式名酒，还捎上一些下酒小菜，总工的脸上终于露出一丝难得的笑容，此后韦文军坐在他的身边被默许了。

有天夜里，罗老板主动来找他谈话，老板推心置腹地说起他自己。原来，他自己是哲学硕士出身，初到深圳的第一份工作竟然也是疏通下水管道，跟马桶结下了不解之缘。因为他当时看准了深圳这座移民城市装修市场的空白，于是放下书生架子做起疏通马桶的工作来，并由此攒下了创业的第一桶金。

罗总说，几乎每个新毕业的学生“摸”到他这里时，“下场”都是一样的——当场被不客气地轰走。罗总想通过这种奇特的方式激励年轻人迈出去之后懂得发愤图强，许多人都含悲忍泪地走了，只有韦文军是个例外，坚强地留了下来。

他还说：“我对你的无情实际是一种有情，希望你能在苦难中得到教训跟收益!”最后还谈起了《圣经》里的“马太效应”：所谓强者越强、弱者愈弱，一个人如果获得了成功，什么好事都会找到他头上。大丈夫立世，不应怨天尤人，人最大的敌人是自己啊!

从那以后，公司任命韦文军正式上岗做设计师，每月底薪1000元，时间一长，罗老板发现韦文军的3D装修效果图画得好，中标率非常高，他还发现韦文军色彩感觉特别好，便马上提拔韦文军做设计总管，月薪加到6000元，并放手分给韦文军一些大项目做。这期间韦文军跟客户面对面接触的机会日益增多，增进交流的同时，工作局面日益复杂起来。许多心术不正的客户企图收买韦文军，通过金钱贿赂拿走公司的光盘与图纸，以躲避支付大宗的尾款。韦文军从不为所动，一一婉言谢绝。

1999年7月，公司接到了一个大单——“东海庄园”别墅群规划，设计费为200万元。全部由韦文军一个人来完成。这时的韦文军已经很老到了，上学时他的风景水粉画功底此时此刻大大地派上了用场。短短两个月内，光3D效果图就画了37张。客户看了韦文军的图纸后赞不绝口，痛痛快快地将尾款全部划到公司账上。

此后韦文军又被提升为艺术总监，专门负责为3D图纸的艺术效果把关。他的月薪被加到两万元，并另有年终提成。回想起自己一年前还在替公司刷马桶，韦文军感慨万千。

两年之后，韦文军带着积攒的50万元开了一家属于自己的装饰公司。与以往情况不同的是，打工仔同昔日的老板成了铁哥们儿，韦文军与罗老板成了感情深厚的朋友。

重提过去那段往事，韦文军称刷马桶的经历实属上帝“负面的恩典”，他会抱着感恩的心去看待这段故事。他告诉我们一个成功的秘密——所谓能耐，就是能够忍耐！

忍耐不是逆来顺受，甘心屈服于权贵，忍耐也不是消极颓废，默默等待时间的宣判。忍耐是在沉默中坚定自己的信念，在失望中找到希望，在失败后总结失败，在成功时总结成功。

需要注意的是，忍耐并不是消极地等待，不是在等待中消磨时间、消耗自我，而是暗中积蓄力量，寻找成功的机遇，把握住，并一飞冲天。

狼道法则

也许在很多人眼中，只懂得等待和忍耐的人是毫无智慧可言的，他们只不过是被动地等待命运的宣判罢了。实际上，这是一种相当智慧的生活方式。忍耐只是一种手段，最终的收获才是我们的目的。

屡败屡战：拼搏到底的狼

面对挫败，狼族的反应不是倦怠、沮丧和屈服，它们也不会像人类那样，表现出忧虑疑惑、郁郁寡欢；狼族只是重新整装待发，投入眼前的任务。

彭端淑在《为学》中讲了这样一个故事：四川边远地区有贫富悬殊的两个和尚，他们都想到南海朝圣，富和尚几年间一直打算雇船顺江而下直到南海，最终却没有去成；穷和尚只凭着一个盛水的瓶和一个化缘的钵，步行到达了南海。

有些人认为，这说明逆境能造就人才，而顺境只能埋没人才。辩证唯物主义理论告诉我们，外因是变化的条件，内因是变化的根据，外因通过内因而起作用。逆境、顺境都是外在条件，而不是成才的主要原因，成才的关键在于主观能动性的发挥。

身处顺境的富和尚没能到达南海而身处逆境的穷和尚却最终到达，原因何在呢？根本原因就在于穷和尚有着坚韧不拔的意志、不达目的不罢休的坚定信念。正是这种意志和信念存于心中，穷和尚才能到达南海。这也为我们学习狼性的法则提供了动力的源泉。

帖木儿的经历同样也证明了这一点。一次，他被敌人紧追不舍，不得不躲进了一间坍塌的破屋。就在他陷入困惑与沉思时，他看见一只蚂蚁吃力地背负着一粒玉米向前爬行。

蚂蚁重复了59次，每一次都是在一个凸起的地方连同玉米一起摔下来，它总是翻不过这道坎儿。哦，瞧！到了第60次，它终于成功了！这只蚂蚁的行为有力地鼓舞着这位彷徨的英雄，使他开始对未来的胜利充满了希望。

许多先贤都是在经历了很多苦痛的挫折之后，更深刻地体会到了人生的意义之所在，依靠坚韧延续他们的生命力，写下了一篇篇传世经典，造就了一番奇功伟业。 就是在这些挫折中，先哲们的坚韧和坦荡，使他们的人格和思想在历史长河上空凝聚成了一股恒久的馨香，也正是这些挫折，使他们的意志磨炼得更加坚韧，同样也激发了很多人更多的感喟。

狼的坚韧让我们看到的不只是这些。 王羲之是我国历史上最杰出的书法家之一，作为中国艺术史中被尊为“书圣”的王羲之，书界赞美他“贵越群品，古今莫二，兼撮众法，备成一家”。 在少年时为了能写得一手好字，他刻苦磨炼，精研体势，独辟蹊径，坚韧而行，一直以来都是后人的楷模。 在国外同样也有很多例子是狼的坚韧法则的体现。

19世纪末，电灯、电话、电报、电唱机等电器的问世，给我们的生活带来了极大的便利和欢乐。然而，这些电器都是要用电的。没有了电，这些东西就毫无利用价值，成了一堆废物。但当时的蓄电池使用时间却很短。爱迪生，这位举世闻名的发明家，意识到解决蓄电池“短命”问题的重要性：如果不延长蓄电池的供电时间，将会影响许多电器的利用。于是，爱迪生把研制新型蓄电池的工作排上了日程。一旦确定了目标，爱迪生就把全部的精力投入到工作中去。在他的头脑里，其他的一些事情，包括衣食住行似乎全部淡化了，只是清晰地留下研究工作。

有一天，爱迪生在家里吃饭时，举着刀叉的手突然停留在半空中，面部表情呆板。他的夫人看惯了他的这类事，知道他正考虑蓄电池的问题，便关切地问："蓄电池'短命'的原因在哪里?""毛病出在内脏。要治好它的根，看来要给它动手术了，换器官。""不是大家都认为，只能用铅和硫酸吗?"夫人脱口而出。她想了想，对她的丈夫说这种话毫无意义。他不是在许多"不可能"之中创造了奇迹吗？于是，夫人连忙纠正道："世上没有不可能的事，对吗?"爱迪生被夫人的这番话逗乐了。"是啊，世界上没有什么不可能的事，我一定要攻克这个难关。"爱迪生暗自下定决心。

问题看起来是非常简单，然而，一旦做起来却是非常非常困难。

爱迪生和他的助手们夜以继日地做着实验。一个春天过去了，又一个春天过去了，苦战了3年，爱迪生试用了几千种材料，做了4万多次的实验，可依然没有什么收获。这时，一些冷言冷语也向他袭来，可爱迪生并没有理会，而是对自己的研究充满信心。

有一次，一位不怀好意的记者向爱迪生问道："请问尊敬的发明家，您花了3年时间，做了4万多次实验，都有哪些收获呢?"爱迪生笑了笑说："收获嘛，比较大，我们已经知道有好几千种材料不能用来做蓄电池。"爱迪生的回答，博得在场的人一片喝彩声。那位不怀好意的记者也被爱迪生的坚韧所感动，红着脸为爱迪生鼓掌。

凭着这种坚韧不拔的意志，爱迪生将他的实验继续下去。1904 年，爱迪生终于用氢氧化钠（烧碱）溶液代替硫酸，用镍、铁代替铅，造成世界上第一台镍铁碱电池。它的供电时间很长，爱迪生凭借自己的坚韧找出了延长蓄电池供电时间的方法。

每个人心中都存有不断往前的使命感。努力奋斗是每个人的责任，我对这样的责任怀有一份舍我其谁的信念。

生下来就一贫如洗的林肯，他这一生始终都在面对挫败，八次选举八次都落败，两次经商失败，甚至还精神崩溃过一次。“此路破败不堪又容易滑倒。我一只脚滑了跤，另一只脚也因而站不稳，但我回过气来告诉自己，这不过是滑一跤，并不是死掉爬不起来了。”在竞选参议员落败后，亚伯拉罕·林肯如是说。也正因为他根本就没有放弃，自始至终不断地向自己的目标努力，永不言败，才成为美国历史上最伟大的总统之一。

而对于那些弱者，挫折便成了他们生活中不可逾越的一道鸿沟。他们在此徘徊、唉声叹气，却没有想到这条鸿沟正是他们自己。只要征服自己，超越自我，拥有狼性般拼搏到底的精神，成功自然随之而来。但是他们没有勇气面对挫折，因而也失去了目标，自己放弃了很多本是属于自己的东西。

曾经有一位日本青年，到一家大公司去应聘，得到的消息是没有被录取。他在绝望中准备自杀，自杀未遂后才得知没被录取是由于计算机故障带来的误报。正当他接到聘书喜形于色之时，一纸解聘书又飞到他手中，说他不能很好地面对挫折，肯定不能胜任今后的工作。想想看，这位青年的成功机会就在他自己手中，他却因为承受不了挫折，不能征服自己，而让这机会从他指缝间溜走了。没有勇气接受挫折的挑战，意味着你本已积累起的成功的筹码将会失去它的分量，而新的筹码你又没有拿到，那怎么能达到成功的顶峰呢？

狼是不畏惧失败的，促使它们勇往直前的是“猎物”，它们知道如果选择了放弃，就要面临着饥饿，甚至死亡，它们更不会害怕失去，有时我们可能会认为自己遭受的挫折很大，或许有的人会说遭受的打击太沉重了，而且成功的希望也非常渺茫。但是，只要我们像狼一样锁定目标，紧随目标，凭着坚韧的承受力，我们就还有希望，“猎物”就不会逃出我们的掌心。

狼道法则

在狼族的词典里，永远没有“失败”和“放弃”两个词。面对失败，狼族会运用经历了时间考验的技能，再加上它们从挫折中学到的知识，投入眼前的猎物，深信在第 10、第 11 次甚至第 12 次失败后，胜利终将来临。

第二章　坚持本色，超越自我：

相信自己是世界上独一无二的头狼

追求个性才能获得创造性成功

每只小狼在开始学习生存技能时，总会被培养成与众不同的个性，而每种个性都会为整个狼族的生存贡献着不同的力量。

有这么一条狼，总喜欢独往，经常冒险，但又非常聪明，几乎每次出发都能捕得猎物。有一次，它胆大妄为，在大白天便潜入到有人放牧的羊群中。它利用中午猎人与猎狗休息松懈的机会，借助草丛、灌木做掩护，潜行到羊群的附近。突然一个急冲，便扑倒了一只羊，迅速掏开腹腔，吞食着内脏。眨眼工夫已经大快朵颐，把肚子撑得圆了起来。待牧羊人反应过来时，这条狼开始逃跑了，但它被包围了。这时狼弓腰收腹，吐出了一部分刚刚才吞下去的鲜肉，减轻了自身负担，然后猛回头，再次冲向羊群。羊群吓得四散奔逃，干扰了人和狗的视线和去路，狼终于又一次成功逃脱。群狼中的首领——头狼对于这只独狼的行为持默许的态度。因为它不仅分担了群狼捕食时的压力，有时还会为狼群带回猎物，并成为这群狼中的一个特立独行者。

在狼群的每次战斗前，头狼总对不同的狼分配着不同的任务，是迷惑对方还是伏击对方，是冲在前面还是负责掩护，完全根据每只狼的个性而定。 狼的个性不同所拥有的地位也不同。

一位生物学家在澳洲的高原上研究狼群，发现每个狼群都有一个半径 15 千米的活动圈。 把三个狼群的活动圈微缩到图纸上，便会发现一个有趣的现象：三个圆圈是交叉的，既不隔绝，又不完全相融。 狼群在划分地盘时，留有一个公共区域。 相交部分为它们提供了杂交的可能性，不相交部分又使它们保有自己的独立性。 这充分说明了狼是一种十分独立的动物。

彼得·克拉克曾说：“狼非常有个性。 就像对人类进行的研究一样，有的狼一直在帮助其他的狼，有的则懒散，有的则喜欢到处游荡，有些则不与其他的狼来往。 即使在同一狼群中，你也会看到各种不同的个性。”

人也是如此，人也要有自己的个性，工作也要有自己的特色。

我们知道现在的流行歌手，由唱片公司一手打造形象，就连笑容何时出现，也由公司决定。 不过王菲可是最出名的例外，她不喜欢迎合媒体，也不会刻意讨好歌迷或媒体，但她特立独行的行为却为她赢得了大批忠实的歌迷。

王菲在 1987 年前往香港发展，一开始人生地不熟，她连广东话也不会说。在学了两年歌唱后，老师将她推荐给新艺宝唱片公司。新艺宝在 1989 年替王菲出了第一张专辑，1990 年又出了两张专辑，这三张专辑都有不错的成绩。不过当时王菲的专辑只能称得上是唱片公司精心包装的合成产品，就连艺名“王靖雯”也是讨好市场的步骤之一。

成名之后，王菲并没有继续出唱片，反而自己一个人跑到美国纽约流浪了好几个月。王菲像个游魂，没有目的地四处乱逛，上博物馆，泡咖啡馆，认识了许多奇怪但是看来很有自信的人。王菲开始醒悟，原来她也和这些人一样，独立而叛逆，不过在香港却失去了自我。

她决定转型。回到香港后，因为有过去销售量的支持，王菲要求唱片公司给她自主的空间，她又改回了真名王菲，也找来过去的合作对象制作专辑，而对演唱会的歌单、配乐、舞台与服装设计，也提出了自己意见。王菲恢复以往的我行我素和叛逆，继续以特立独行的性格，自在地穿梭在歌手、作词者、作曲者、唱片制作人、广告明星和电影演员等不同角色之间。王菲受欢迎的程度只增未减，创造了另类的实力偶像神话。

精密包装、讨好市场，这或许是成功的一种方式，但这种毫无个性、毫无新意的方式并非成功的必要前提，坚持自己独立的个性或许能让人耳目一新，取得创造性成功。 王菲的成名告诉了我们这点。

特立独行的人不迷信命运天定，更不迷信成功法则，他们相信每个人都有自己的做人方式，只要找出属于自己的那条方式，那么成功就会像加减运算那样简便可得。

狼道法则

每个人都有自己的思考方式和做事方式，当一个人不受环境左右而能把自己与众不同的想法付诸实践，他才能成就自己的一番事业。

狼可杀不可养

一只瘦弱的老狼拖着疲惫的步子走到一座村庄旁边，看见一条壮硕的大狗。狗问狼："老兄，你怎么成这么个落魄的样子了？"狼叹了口气，说："现在生存下来可真难啊，食物难找，有时候拼了老命也弄不到一口吃的。而且草原上阴晴不定，夏天热得要死，冬天又冷得要命。这些还都好，最可怕的是还要时时防备猎人设下的陷阱，一不小心，连命都没了。我长这么大，连个安稳觉都没睡过。"

狗听了以后惊讶地说："啊？那我可就幸福多了，住在一年四季都温暖如春的房子里，而且天天都有好吃的，从来不用担心肚子的问题。"狼的眼睛都亮了，羡慕地说："那你一定要为主人做很多事情吧？"狗骄傲地说："什么也不用做，只要主人摸我的时候，我把头靠上去，摇两下尾巴就可以了。你如果愿意，我可以把你介绍给主人。"狼高兴地刚要答应，却发现狗的脖子上有一条细细的铁链，一直延伸到狗窝旁边的一根木桩上，铁链周围的毛都已经被磨掉了很多。

"那里是……"狼疑惑地问。

"没什么，要知道，想生活好是需要一定代价的，这点不算什么。"狗无所谓地说。

这时候，远处响起人的脚步声，狼站起来，往树林当中跑去。

狗赶忙问："别跑了，我还没跟你介绍我的主人呢！"

"还是算了吧，如果用宝贵的自由去换取安逸，我还不如在丛林中受点儿苦。”狼头也不回地消失在丛林当中。

骨子里，狼就是自由的动物。自由的天性或天性的自由，已成为它们不可更移或改变的高贵基因。

“生命诚可贵，爱情价更高。若为自由故，二者皆可抛。”通俗易懂的一首诗，却充分表达出自由在人们心目中的地位及人类对自由的追求。匈牙利著名诗人裴多菲的诗已脍炙人口，它之所以广为人知，相信其中的一个原因莫过于写出了人们对自由追求的那种执着和义无反顾的精神。有多少人热爱自由、渴望自由？又有多少人为了自由置生命、爱情于不顾！让我们感念近代的先辈、先烈们！是他们，为了国家、民族的独立、自由，投身于轰轰烈烈的革命浪潮当中。谭嗣同、林觉民、孙中山、闻一多、李大钊……这许许多多的中华儿女，为了使祖国摆脱列强的侵略，抵抗帝国主义的侵略压迫，义无反顾地用生命承担起扭转祖国命运、救民众于水火之中的重任。他们是值得我们赞美、值得我们缅怀的，特别是在我国日益强盛的今天，缅怀他们，就是为了不忘过去，不忘落后就要挨打的教训。

无论付出多大的代价都无法阻止人类对自由的不懈追求。然而世界上没有绝对的自由，古代思想家庄子认为万物都是“有所待”的。我们所谓的追求自由，是追求每个个体都有权利享受的自由，但追求自由并不意味着为了个体自由而可以为所欲为。

我们崇尚自由、追求自由，但我们对于自由的认识是否正确呢？当我们拥有自由的时候，我们会不会享受自由呢？

每个人所追求的自由生活方式都是不一样的，就自由本身而言也是有不同的区别的，自由包括物质上的自由，也包括精神上的自由。晋代著名的文学家陶渊明“不为五斗米折腰”指的就是舍弃物质上的束缚而追求精神上的自由。

陶渊明生来淡泊，一直隐居乡里，后来因为名气比较大，被人举荐，当上了一名县令。但是干了没几天，他认为官场就好像“樊笼”，人处在官场中就会“心为形役”，根本就没有自由。他在诗中写道：“羁鸟恋旧林，池鱼思故渊。”为得到身心的双重解放，追求自由的生活方式，在当了72天的县令之后，他终于选择了自己向往的生活方式，隐居田园。乡村的美景和亲情，极大地激发了他的诗情，他的许多优秀作品，都是在这一时期完成，并开创了中国诗歌的田园之风。“悦亲戚之情话，乐琴书以消忧”“聊乘化以归尽，乐夫天命复奚疑”，对自由的追求，使他享受到真正快乐的生活，即便物质上贫苦些，也感觉不到什么了。

我们都很羡慕陶渊明这种追求自由的生活方式，但是在现代社会，这种隐居田园的生活方式显然是不容易达到的。隐居田园达不到，于是就有很多人开始“大隐隐于市”，抛弃了朝九晚五的生活方式，也抛弃了给别人打工、屈居人下的生活地位，在家里给自己打工。他们在家里上班，网络和电话是他们的主要工作工具，他们可以自由安排作息时间，我们称这样的人为SOHO一族。无可否认，在SOHO一族中，以“自由”为动机的占了可观比例。这些人生平最见不得死板的条条框框，深信只有在“自由”之中才能发挥自己的天才。但是这种自由就是真正的自由了吗？

已过而立之年的吴华读大学时就是一位小有名气的诗

人。大学毕业后，在一文化单位工作数年，因厌恶其中人事关系复杂，愤然跳出，寻求大智慧、真自由。然而由于对自由的过分追求，险些没有饭吃。于是吴华吸取教训，积极替几家广告公司写广告词，生活逐渐步入正轨。不料长此以往，吴华写诗遇到大大的麻烦，盘旋于脑中久久不散的，是种种需要推广的产品，以及由此引发的无穷联想。吴华不由后悔：以前的单位剥夺的仅是肉体的自由，现在的生活剥夺的则是精神的自由。他终于对现在的生活心生厌倦，可不管选择何种职业，总会带走一种自由，总会让他感到遗憾。

人类的发展史就是一部追求自由的历史。人人都有追求自由的权利。但是与此同时，请千万记住任何自由都是有一定限度的。爱因斯坦在《我的世界观》中的一句话或许是对这种意思的最好概括："人类不可能有哲学意义上的自由。"

狼不会为了嗟来之食而不顾尊严地向人摇头摆尾。因为狼知道，虽不能有傲气，但绝不可无骨气，所以，狼有时也会独自高唱自由之歌——自由是一种心态，自由是一种境界。无自由，毋宁死！

狼道法则

人类从诞生到现在，经过了上百万年的时间，人类的发展史就是一部追求自由、创造自由的历史。人类从茹毛饮血到生火煮食，从住洞穴到建房子，从步行到坐车，都源于对自由的追求。

宁死不受辱

在围攻群马的时候，一只狼被踢破了肚子，一下子死不了，活又活不成，这样活着比死还难受。 这个时候，群狼中的头狼就会把它咬死，让它死个痛快。 这样，它既可以不用遭受疼痛的折磨，同时也避免了落入他人之手，受人控制。

在生活里有很多人为了某些利益而委曲求全、忍气吞声，到最后只会苦了自己。 我们在日常沟通时，尽量迁就别人，本无可厚非，但过分地迁就，常会适得其反，非但不会解决问题，反而会让人心里产生反感，或是会被人欺负。 这样反而妨碍了人与人之间的正常关系和感情的发展。 你若在言谈举止之间，都表现出不卑不亢的样子，从容对答，这样，你会让人觉得有大将风度，会让人因为敬佩而喜欢你。

有一位青年画家，在还没成名前，住在一间狭隘的小房子里，靠画人像维持生计。一天，一个富人经过，看他的画工细致，很喜欢，便请他帮忙画一幅人像。双方约好酬劳是1万元。

一个星期后，人像完成了，富人依约前来拿画。这时富人心里起了歹念，欺负画家年轻又未成名，不肯按照原先的约定付给酬金。富人心中想着："画中的人像是我，这幅画如果我不买，绝没有人会买，我又何必花那么多钱来买呢?"于是富人赖账，他说只愿花3000元买这幅画。青年画家愣住了，他从来没碰过这种事，心里有点慌，费了许多唇舌，向富人据理力争，希望富人能遵守约定，做个有信用的人。“我只能花3000元买这幅画，你别再啰唆了。”富人认为自己居上风，“最后，我问你一句，3000元，卖不卖?”青年画家知道富人故意赖账，心中愤愤不平，他以坚定的语气说：“不卖。我宁可不卖这幅画，也不愿受你的屈辱。今天你失信毁约，将来一定要你付出20倍的代价。”“笑话，20倍?是20万耶！我才不会笨得花20万买这幅画呢。”“那么，我们等着瞧好了。”青年画家对悻悻然离去的富人说。

经过这件事后，画家搬离了这个伤心地，重新拜师学艺，日夜苦练。功夫不负苦心人，十几年后，他终于闯出了一片天地，成为当地艺术界一位知名的人物。那个富人呢?那天离开画室后，第二天就把画家的画和话淡忘了。

直到有一天，富人的好几位朋友不约而同地来告诉他：“有一件事好奇怪！这些天我们去参观一位成名艺术家的画展，其中有一幅画不二价，画中的人物跟你长得一模一样，标示价格20万元。好笑的是，这幅画的标题竟然是——《贼》。”好像被人当头打了一棍，富人想起了十多年前与画家的事。他立刻连夜赶去找青年画家，向其道歉，并且花了20万元买回那幅人像画。青年凭着一股不服输的志气，让富人低了头。

哈佛的一位黑人教授韦斯特离开哈佛，因为当时的校长萨默斯要求监视其研究。“我是一位自由而自尊的黑人，我不会容忍这种态度。”韦斯特说。

这个世界没有人可以真正羞辱你。 我们每个人最终都要告别校园，到社会上行走，为了更好地活着，我们必须读懂人性。只有自信与自尊，才能够让我们感觉到自己的能力，自信与自尊的作用是其他任何东西都无法替代的。 而那些软弱无力、犹豫不决、凡事总是指望别人的人，正如莎士比亚所说，他们永远不可能体会到自立者身上焕发出的那种荣光。

不怕别人看不起，就怕自己没志气。 人须自重，而后为他人所重。 应该让别人在你的行为中看到你堂堂正正的人格。

如今已是某保险公司股东会成员之一的赵丽回忆起她的成功经历时说，她所卖出的数额最大的一张保单不是在她经验丰富后，也不是在觥筹交错中谈成的，而是在她第一次上门推销的时候。

晨光电子是本市最大的一家合资电子企业，赵丽对这样的企业有些敬畏，不太敢进去，毕竟那是她第一次推销。犹豫很久之后她还是进去了，整个楼层只有外方经理在。“你找谁?”他的声音很冷漠。“是这样的，我是保险公司的业务员，这是我的名片。”赵丽双手递上名片，心里有些发虚。在学校和老外没少打交道，可眼前这老外是个年轻的老板，感觉就有些异样。“推销保险?今天已经是第三个了，谢谢你，或许我会考虑，但现在我很忙。”老外的发音直直的，像线一样，因此听不出感情色彩。

赵丽本来也不指望那天能卖出保险，所以毫不犹豫地说了声“sorry”就离开了。如果不是她走到楼梯拐角处下意识地回头时，或许她就这么走了，以后也不会有任何事情发生。

赵丽回了一下头，看见自己的名片被那个老外一撕就扔进了废纸篓里，赵丽感到非常气愤。

于是她转身回去，用英语对那个老外说：“先生，对不起，如果你不打算现在考虑买保险的话，请问我可不可以要回我的名片？”老外的眼中闪过一丝惊奇，旋即平静了，耸耸肩问她：“为什么？”“没有特别的原因，上面印有我的名字和职业，我想要回来。”“对不起，小姐，你的名片让我不小心洒上墨水了，不适合还给你了。”“如果真的洒上墨水，也请你还给我好吗？”赵丽看了一眼废纸篓。

片刻，他仿佛有了好主意：“OK，这样吧。请问你们印一张名片的费用是多少？”“五毛，问这个干什么？”赵丽有些奇怪。“OK，OK。”他拿出钱夹，在里面找了片刻，抽出一张一元的说，“小姐，真的很对不起，我没有五毛零钱，这是我赔偿你名片的，可以吗？”赵丽想夺过那一块钱，撕个稀烂，告诉他，她不稀罕他的破钱，告诉他尽管她们是做保险推销的，可也是有人格的，但是她忍住了。

她礼貌地接过一元钱，然后从包里抽出一张名片给了他：“先生，很对不起，我也没有五毛的零钱，这张名片算我找给你的钱，请您看清我的职业和我的名字。这不是一个适合进废纸篓的职业，也不是一个应该进废纸篓的名字。”说完这些，赵丽头也不回地转身走了。

没想到第二天，赵丽就接到了那个外方经理的电话，约她去他们公司。赵丽几乎是趾高气扬地去了，打算再次和他理论一番。但是他告诉赵丽的是他打算从她这里为全体职工购买保险。赵丽维护自尊的做法最终赢得了外方经理的尊重，她并没有因为别人有地位、有金钱就不自觉地矮人一截，甚至将侵犯人格的举动视而不见，而是让对方明白尊严的真正意义。因为自重，她赢得了尊重！

松下幸之助在给他的员工培训时曾有过这样一段论述：“不怕别人看不起，就怕自己没志气。人须自重，而后为他人所重。应该让别人在你的行为中看到你堂堂正正的人格。”不言而喻，不能自重的人最终丢失的，是他自己。所以，在待人接物、与人打交道的过程中，要学会自重——这是换取他人尊重的重要条件。

在职场中，优秀的企业家大有人在，但无德无才甚至品质低劣的老板也不在少数。有些老板态度蛮横，喜欢攻击别人，当下属有些闪失差错时，他就大动肝火，不留情面地进行攻击，严重时甚至大打出手。对于老板的这种行为，正常人是难以忍受的，但也有人为了经济利益或其他利益而忍气吞声。实际上，为了维护个人的尊严，为了维护自己的人格，一个人应大胆地站出来，与蛮横的老板坚决地做斗争，即使被炒了鱿鱼，也不能退缩。作为员工，需要有“士可杀，不可辱”的精神。

当然，这不是让我们动不动就和老板翻脸，否则最终吃亏的只会是自己。对老板的不正当行为进行回击时，应把握好分寸，既不要忍气吞声，也不要毫无度量。

阿里是世界著名的拳击冠军。他出生在一个穷苦的黑人家庭，靠刻苦训练取得了骄人的战绩。1960 年，阿里代表美国出赛，在奥林匹克运动会上获得了轻重量级金质奖章。

20 世纪五六十年代的美国，黑人受到的歧视非常严重，阿里自以为为美国争得了荣誉，黑人地位能有所提高。但是，偶然的一件事改变了他的想法。

奥运会奖章为美国赢得了荣誉，阿里本人更是十分珍惜，连睡觉都挂在脖子上。一天，阿里和一位朋友到一家食品店买东西，里面正好坐着几个白人流氓，其中一人喊道："黑鬼，滚出去！"阿里的朋友激动地说："他是奥运会冠军！"并把金牌高高举起来……阿里忍住了，退了出来。不过，这几个流氓并不善罢甘休，他们骑着摩托车把两人拦在一座桥上。"黑鬼，把你的金牌交出来！"其中一个流氓叫嚷着。这次，阿里再也不能忍受了，他和朋友把这伙流氓打得抱头鼠窜。事后，阿里默默地把金牌摘下来，低头看了看它，然后把它抛进了河里。他的朋友急了："那是你用血汗换来的啊！"阿里沉重地说："它不是金的，是假的……"

从此以后，阿里的拳击生涯中多了一份动力：为提高黑人地位而战，打败那些不可一世的白人选手！

尊严无价，人如果失掉了尊严，做人的价值和乐趣就无从谈起，我们要在内心树立起捍卫自身尊严的意识。当你的尊严受到冒犯的时候，告诉自己：没有什么事比捍卫尊严更重要！

狼道法则

《狼图腾》的作者姜戎先生这样说过："狼是宁死也不愿受辱的硬汉，头狼更不愿看到自己的兄弟儿女受辱。"狼的精神为我们敲响了警钟：士可杀，不可辱。狼既不向别人卑躬屈膝也不允许别人歧视，人也应该像狼一样。

以命搏食，自尊独立的生存信条

狼将以命搏食作为其生存的重要信条，狼的自尊注定了它们不会像家狗一样向主人摇尾乞食，它们不会接受别人的施舍，永远保持自己尊贵的独立。狼是一种有傲骨的动物，而身为万物之灵长的人更应该有傲骨。在狼的意识里，食物是要靠自己拼抢来的，它们不会接受别人的施舍，从不乞求别人的怜悯，宁肯饥肠辘辘，宁可冻饿而死，这就是狼睥睨一切的尊贵。狼在以死拼食的性格中，似乎有一种更为特立独行、桀骜不驯的精神在支撑着它。这份精神，就是尊严。

尊严是做人的基本准则，是为人处世的底线，它就像人的脊梁，可使人昂首挺立，亦可使人颔首弓腰。没有了尊严的人就如同没有了脊梁的身体，就算还是个人，却没有了立身做人的骨气。

尊严是我们的幸福不可或缺的元素，活着而没有尊严，那就等同于行尸走肉。因此，现实中，人们会拼命维护自己的尊严。尊严就像是成功的一把钥匙，我们手里握着钥匙，就会觉得有希望，即使在打开那扇门之前遇到再多的困难和失败，我们都不会退缩。

有一年的冬天，美国南部的一个小镇上忽然来了一大群逃难的流亡者。小镇的镇长为这些流离失所的人送去衣物和干粮。这些流亡者，在外面风餐露宿了很久，他们接到东西，连一句感谢的话语也来不及说，就个个狼吞虎咽，大口大口地吃起来。

其中有一个例外的人，当镇长将食物送到他的面前时，这个脸色苍白、骨瘦如柴的人问：“先生，吃您这么多东西，您有什么活儿需要我做吗?”镇长想，给一个流亡者一顿果腹的饮食，每一个善良的人都会这么做。于是他说：“不，我没有什么活儿需要您来做。”

那个流亡者的目光顿时暗下去了，他硕大的喉结剧烈地颤动着说：“先生，那我便不能随便吃您的东西，我不能没有经过劳动，便平白得到这些东西!”镇长想了想又说：“我想起来了，我家确实有一些活儿需要您帮忙。不过，等您吃过饭后，我就给您派活儿。”

“不，我现在就做活儿，等做完了您的活儿，我再吃这些东西!”那个青年站起来说。镇长十分赞赏地望着这个青年人，但他知道这个年轻人已经两天没吃东西了，又走了这么远的路，可是不给他做些活儿，他是不会吃下这些东西的。镇长思忖片刻说：“小伙子，你愿意为我捏一捏肩膀吗?”说着，就蹲在那个青年人跟前。青年人只好也蹲下来，十分认真而细致地给镇长轻轻地捏肩膀。

捏了几分钟，镇长十分惬意地站起来说：“好了，小伙子，你捏得棒极了，刚才我的肩还一直酸，可现在舒服极了。”镇长说完，将食物递给那个青年人。青年人立刻狼吞虎咽地吃起来。镇长微笑着注视着那个青年说：“小伙子，我的工厂现在太需要人手了，如果你愿意留下来的话，那我可就太高兴了。”

那个青年人留了下来，并很快成了工厂里的一把好手。过了三年，镇长还把自己唯一的女儿许配给了他，镇长对女儿说：“别看他现在什么都没有，但他一定会成为一个富翁，因为他有尊严！”

多年后，那个青年如镇长预期的一样拥有了一笔让所有美国人都羡慕的财富。

正是那份在困境中依然没有放弃的尊严让这个年轻人取得了成功。一个人的尊严是最可贵的，失去的东西可以再重新获得，但失去了尊严就只剩下一副躯壳了，那么还谈什么成功呢？

有尊严是成功的前提，然而，尊严要以独立为前提。因为独立的个人才会有所作为，独立的国家才会不受欺负，实现繁荣富强。

易卜生先生曾经说过：“世界上最坚强的人就是独立的人。”独立代表了我们对生活的掌控，我们在生活中的独立，意味着我们开始了对生活的把握和规划，我们是生活的主人，而不是依附于它，或者事事依附于别人。此外，对于一个人而言，还有另一种更为重要的独立，那就是思想上的独立，不附和别人的想法，不盲从他人的思路，无论是生活上还是为人处世上，都有自己冷静而清醒的认识和思考。有了思想上的独立，我们生活中的独立才更有意义。思想决定了我们的行为，同时也完善着我们的人生。

在当今社会，市场竞争让我们所面临的困难和挑战是难以想象的，我们只有像狼那样，永远保持一份尊贵的独立，即使在最难熬的黑夜也咬牙坚持下去，我们早晚会看到属于自己的胜利曙光。

众所周知的“小超人”李泽楷虽然是华人首富李嘉诚的儿子，但他并不仰仗父亲的财势和地位，而是通过自己艰难创业，成立了盈科公司，开始进军高科技。

在最初几年，他做的一些高科技项目便取得了一定的收益，他也因此以第30名的成绩被列入1998年《时代》杂志评选的全球50名资讯科技精英中。虽然取得了如此成果，但他并未满足，他通过自己的努力做了很多更大的项目，扩大了公司的影响。

他看好了香港大学附近的一片土地，打算在那里建设一个可容纳至少150家高科技公司入驻的香港“数码港”。

他积极奔走，与多家高科技公司协商，谋求多方合作。他的努力后来得到了雅虎、惠普等著名高科技公司的认可，这使他信心倍增。

他在进行了一系列困难的谈判后，终于拿到了数码港建设项目权。1999年9月，数码港第一期工程破土动工，它很快便吸引了一批世界著名的高科技公司入驻。

李泽楷凭借自己的努力赢得了“小超人”的绰号，而不是被别人扣上首富之子的帽子，正是这份独立精神、敢拼敢闯的韧性，让他获得了世界对他的尊重。

我们的内心深处都有着一份像狼一样尊贵的独立，在生活中，我们也同样拿出“以命拼食”的亡命劲头向前冲，总有一天我们会握到胜利女神的双手，获得世界的尊重。

狼道法则

人活于世，都想自己获得别人的尊重，然而被人尊重的前提一定是自尊、独立。

第三章　狼亦有情，人岂能无义：

狼族肝胆相照的铁血丹心

狼岂能无义，把忠诚浇铸在脊骨里

毫无疑问，狼是一种和人类一样有着深厚情感的动物，甚至有时候狼与狼之间所表现出的情意和忠诚是人类所不及的，尤其是在生死攸关的时刻。

狼的忠诚众所皆知，下面一个关于狼与人之间忠诚的实例，让我们真切地感觉到狼的可贵品质。

> 有一个人长期在阿拉斯加研究狼群，他认识一对夫妻及两个小孩儿，一家人住在一个非常偏僻的地区，并且是住在他们亲手建造的圆木小屋中。这个家庭中还包括两匹狼，这两匹狼从小被这对夫妻养大。母狼被人射杀，而可怜的小狼就被这对夫妻带回家抚养。它们认同的家庭，就是这个四口之家再加上自己，它们认为人类就是它们的同类。
>
> 有一天，这对夫妇到离家约一公里的地方去伐木，留在家里的两个小男孩儿不小心弄倒了煤油灯（那儿没有电），猛烈的大火开始吞噬木制的建筑。父母距离他们太远了，两个小男孩儿身陷火海。这时，两匹狼竟然不顾烟雾与恐惧，立刻冲入火海般的木屋中，将两名小男孩儿救到安全的地方。

忠诚对于我们并不陌生，追溯中华民族悠久灿烂的古代文明，为后世的我们留下了取之不尽的精神财富。 先辈们的人格魅力和品格素养经过千年的积淀，形成了今天中华民族伟大的品格。张骞出使西域、唐代鉴真东渡，他们所具有的忠诚品质无不让人敬佩。

忠诚是人们在这个社会上生存的资本，只有“我口言我心”的人才能找到真正的自我。对个人来说，忠诚可以让你拥有很多朋友，能让你与其他人友好相处，最终为自己带来成功；对于一个团队而言，忠诚的意义在于它能够使整个团队无论从形式上，还是从实质上都成为一个有机整体，并且能够形成巨大的整合力，重新塑造一些忠诚度低的员工，提高他们的忠诚度。现代企业，无论是发展还是变革，都离不开员工的忠诚。忠诚是共同努力的基础，它不仅能提高整个团队的战斗力，还能够让团队获得持久的生命力。

美国作家艾尔伯特·哈伯德是《把信送给加西亚》的作者，在一次公开演讲时，曾讲述了他几周前到一个国家的某个小镇的一次经历：

> 我们参观了那里的法庭、第一国家银行、砖场、医院和监狱。之后，他们带我参观了当地的水电站。那是一个壮观的钢混结构工程，大部分的时间都利用水力发电。
>
> 水电站的负责人是一个年方21岁的年轻人。我注意到他的纽扣处别着一枚发光的朱比特徽章，所以我们的话题就从朱比特开始了。
>
> 我注意到通往水电站的公路旁250米处有一条砖路，这个年轻的负责人无意中提到，那是他和他的工友们一起铺筑的。他开玩笑说，他们这样做仅仅是为了消磨时间。

通常，那样的工作都是交由包工队完成的，但我发现在这里却是由这个年轻人掌控着全局，他很有经济头脑。

我问了他几个问题，诸如他是哪里人等，但他微笑着将话题避开，然后又将我的注意力拉回到他们新引进的发电机上。在回城的路上，一个组委会官员对我说："你最好注意一下那个年轻的孩子，他3年前才来到这里的，当时我们正在建设发电厂，包工头就雇用了他当他们的送水员，而第二周，他就当上了计时员。"

一天晚上，老板看到他撕开几米长的红色法兰绒布，然后将它们包在日光灯上，看起来他们没有足够的红灯照明。他很抱歉地解释说，他们没有足够的资金购买相应的设备以替换已损坏的那些。

这就是他所有的回答，他从不多说什么无益的话，但他总是能将事情做得很好。他总是早上很早便来到电厂上班，而且往往是晚上最后一个离开。

他在水电厂勤勤恳恳地工作了一年，当包工队将要离开的时候，这个小伙子已经当上了包工队的老板助理。

每次老板去芝加哥开会的时候，都会把所有的权力交到他的手上。没有什么所谓的任命，他就那么自然而然地临时接替了老板的职务。

看完艾尔伯特·哈伯德的这一段经历，你是否有所感触呢？是的，一个人的忠诚源自他的内心，正如有人说："忠诚是血液里流出来的秉性。"

忠诚是一种人格特质，它能给人带来一种自我满足感，更加懂得自重，它是时时刻刻都伴随着我们的精神力量。

哈伯德先生说：“在这个世界上，并不缺乏有能力的人，那种既有能力又忠诚的人才是每一个企业企求的最理想的人才。那些忠诚于老板、忠诚于企业的员工，都是努力工作、没有任何借口的员工，他们的忠诚会让他们达到我们想象不到的高度。”

随着时代的变迁，许多东西会流逝变化，但闪烁在人性中最真实的东西、最可贵的品质是不会变的，相反，它会随着岁月的流逝更加弥足珍贵。 忠诚就是具有这一特性的高贵品质。

狼道法则

忠诚是员工的责任，凝结在汗水里；忠诚是员工的义务，沉浸在奉献里；忠诚是员工的操守，融化在血肉里；忠诚是员工的品格，浇铸在脊骨里。

狼懂得感恩：回报是一种积极的生活态度

对于困境中的意外帮助，狼群并不像人类所说的那样——冷血无情、狼心狗肺，它们也懂得感恩。

在我国民间，曾流传着这样一个关于狼感恩的故事：

在许多年前的黑龙江一带，有一个村庄，村庄里住着一家农户。一天，这家农户的两个儿子上山砍柴，无意中在山洞里发现了一只母狼和三只狼崽。他们兄弟俩知道，带着狼崽的狼是最难招惹的，于是扭头就跑。然而身后的母狼并没有来追赶他们，只是发出声声哀号，好像是在诉说："不要害怕，也不要跑……我不会吃你们的！"由于在慌乱中，弟弟掉落了斧头和干粮，于是两兄弟决定回去看看。当他们壮起胆子再次走进山洞时，只见母狼靠在一块石头旁喘着粗气，身上则被它自己的血浸湿了一半。它直瞪着双眼，目光中既含有警惕又含有威胁，还带着几分哀求。仿佛在告诉这两兄弟："千万不要伤害我的孩子，否则我会和你们拼命的……"而那三只小狼崽也楚楚可怜地依偎在狼妈妈身边。显然，这只母狼是在寻食中误中了猎人的机关而挣脱出来的……

那个哥哥一看是一只奄奄一息的母狼和三只小狼崽，就拉了拉兄弟的手说："干脆把它杀掉，还能有肉吃。"弟弟摇摇头说："怪可怜的，就饶了它吧。"哥哥不同意，悄悄去摸腰上的柴刀，弟弟发现后上前抱住他，吼道："乘人之危，不是好汉行为！”哥哥辩道：“它们是狼不是人，是会吃人的狼啊！”弟弟也发火了：“我看你比狼还凶狠，看在三只小狼的分上，放过它吧！否则我再也不理你了。”在弟弟的坚持下，哥哥终于放弃了。

接着，那个弟弟还故意把柴刀扔在一边，掏出干粮递给母狼，然后撕掉自己的两只衣袖为它包扎伤口……

后来两兄弟就回家了。不久，他们居住的地方发生灾荒，饿得人心惶惶。但奇怪的是，这两兄弟家里的人早上一打开门，经常会发现门口摆着野兔一类的东西。刚开始时还以为是哪位猎人遗忘在这里的，但久而久之就觉得十分奇怪了。尤其是他们的父母，还以为不是遇仙就是遇鬼了。为了弄清事情真相，一家人轮流守了几夜。终于，在一个月光如洗的夜晚，正在守夜的父亲看见一群狼朝着自家涌来，惊慌中，他悄悄叫醒了两个熟睡中的儿子。隔着门缝，他们看见大多数的狼停在远处，只有一只大狼身后跟着三只小狼朝他们家走来。显然，大狼嘴里叼着东西，当大狼把嘴上的东西放在门口时，父亲已浑身抖个不停。这时，恍然大悟的两兄弟忍不住脱口道：“是它们，是它们！”尤其是弟弟特别高兴，因为他一直牵挂着受伤的母狼和三只小狼，如今，见母狼安然无恙，而小狼也长大了许多，心里的一块石头也算落了地……

又过了两年，外国人侵占了他们那一带，洋鬼子是烧杀奸掠无恶不作。这两兄弟一家也未能幸免。父亲被烧死，母亲被破了肚，兄弟俩被抓了去。他们被绳子拴成一串一串的，也不知要被押到什么地方去服苦役，满腔的仇恨和怒火也只有埋在心底。

第二天，他们被押着上路了，走了大半天后，他们先是听到有狼的叫声，后来发现有几只狼始终若即若离地跟在他们后面。被抓的人当时想，与其在洋鬼子手里被折磨死，还不如填狼肚子来得好。因此也就不太在意，而洋鬼子仗着手里有枪有刀，所以也不管那么多，一队人就这样继续赶路，一天就这样过去了。

第三天，他们仍然被押着向前走，那几只狼也仍然若即若离地跟在后面，他们当中那些猎户出身的人已感不妙，但身为囚徒又无可奈何。傍晚时分，当他们走进荒凉的山谷时，突然间，狼嚎之声大起。转眼间，成百上千只狼围住了他们这一队人。不论是押人者还是被押者都慌乱地挤成一团，刚才还耀武扬威的洋鬼子见状也被吓得手足无措。惊慌中，洋鬼子本能地开枪朝狼射击。不开枪还好一些，一开枪，狼群立即发起了勇猛的攻击。说来也怪，那狼群不咬被押的人，专向洋鬼子进攻。混乱中，那个弟弟突然发现有几只狼朝他冲过来。仔细一看，领头的正是那只他曾救过的母狼。它冲上前来，咬断捆着他的绳索，他不容细想，一边招呼伙伴一边往外逃。当营救出所有的伙伴之后，狼群也停止了攻势，只是团团围住了那座山谷。后来洋鬼子粮尽弹绝，只剩下一堆堆白骨了。

狼的这种感恩举动深深打动了每一个听过这个故事的人，虽然狼能适应复杂艰苦的环境，善于长途奔袭、南征北战，但它们也有身陷囹圄的时候，对于困境中的意外帮助，狼群并不像人类所说的那样——冷血无情、狼心狗肺，它们也懂得感恩。

感恩之心，是对世间所有人所有事物给予自己的帮助铭记在心，表示感激。 感恩之心，是我们每个人生活中不可或缺的阳光雨露，一刻也不能少。

无论你是何等尊贵，或是怎样卑微；无论你生活在何地何处，或是你有着怎样特别的生活经历，只要你胸中常常怀着一颗感恩的心，随之而来的，就必然会不断地涌动着诸如温暖、自信、坚定、善良等这些美好的感觉。

感恩是一种生活态度，一种积极的生活态度，是一种善于发现美并欣赏美的道德情操。

感恩并不仅仅有利于公司和老板，对于个人来说，感恩是丰富的人生。 它是一种深刻的感受，能够增强个人的魅力，开启神奇的力量之门，发掘出无穷的潜能。

时常怀有感恩的心，你会变得更谦和、可敬且高尚。 每天提醒自己，为自己能有幸成为公司的一员而感恩，为自己能遇到这样一位老板而感恩。

如果你每天都能带着一颗感恩的心去工作，相信工作时的心情一定是积极而愉快的。

狼道法则

我们永远都需要感恩，真诚感恩。推销员遭到拒绝时，应该感谢顾客耐心听完自己的解说，这样才有下一次惠顾以及锻炼自己勇气的机会。上司批评你时，应该感谢他给予的种种教诲。感恩不花一分钱，却是一项重大的投资，对于未来极有助益。

狼爱憎分明：播撒爱心，收获责任

狼天生就是一种爱憎分明的动物，狼族的亲情与博爱在草原上人人皆知。

狼的忠诚信义、狼的知恩图报、狼的坚贞不渝、狼的自我牺牲、狼所付出的爱，让人为之心动！ 由于人们一向对狼怀有误解，才认为狼残忍凶暴，根本不会产生爱。

一只小狼跑进了灌木丛，开始寻找它最隐蔽的藏身处。它四处游荡，最后沿着小溪，走到了一个宽阔的峡谷中。突然，草丛中窜出了一只狼，是只母狼，很像它的母亲，但毕竟有些不同，是只陌生狼。老狼跳起来扑向这只小狼，这个漂泊的小家伙本能地倒在了地上。毫无疑问，老狼按照自然界适者生存的规律，把这只小狼当作了猎物。但是，它立刻就闻到了小狼身上的气味，放松了已经扑上去的两条前腿。它低头看着这只小狼，看了好一会儿。小狼惊恐地趴在它的脚下，杀死这只小狼的冲动，或者至少是给小狼一个惊吓的想法，莫名其妙地消失了。小狼身上有一股浓烈的气味，它自己的孩子正和小狼一样大小，它的心被感动了。当小狼有足够的胆量抬起鼻子闻它的时候，它没有生气的表示，只是发出了一声短短的半带着同情的吼声。

……

陌生狼就是敌人。老狼从洞里冲出来保卫家园的时候，又一次遇到了这只小狼。小狼身上的气味又一次感染了它，它不能狠下心来把小狼赶走。

……

小狼最终为自己找到了一个养母，这是它一生中最大的幸福。

也许，从狼的身上我们能读懂爱的另一层含义，并努力去寻找曾经缺失的爱。

爱具有无与伦比的力量，它能使人敞开心扉。人的一生应该是施与爱的一生，只有这样，我们才能活出真正的自我，获得一个充实而美好的人生。我们要用全身心的爱来迎接今天，对一切都满怀爱心，这样我们才能获得新生。

高尔基曾经说过："一个人只有爱着什么的时候，才能活下去。如果什么也不爱，那他活着还有什么意义呢？"

2005年深秋的一个下午，北京王府井大街地下通道里一对求助的母子，吸引了不少路人的目光。孩子已经有四五岁，但是身体孱弱，头部大得出奇，活动也不太方便。母亲专注地照顾着怀中的孩子，似乎对身边的其他事物并不关心，偶尔有好心的路人给他们留下钱物，母亲也没有什么反应，表情有些茫然。

中国平安保险的营销员王娟当天碰巧路过时看到了这对母子，便上前询问二人的情况。原来这对母子是贵阳人，妈妈叫刘燕，孩子叫小伟。小伟出生后不久便患了脑积水，由于所居住的县城医疗条件有限，得不到很好的医治，只好到北京求医。小伟曾经在北京一家医院动过一次手术，但是后来的状况并不好。刘燕想为孩子继续治病，无奈家里的积蓄已经花光了，只好在北京街头乞讨寻求帮助。王娟给母子留下了一些钱，并决定为他们提供一些帮助。随后王娟咨询了民政部门，得知按照现行的相关政策，小伟的情况可以在当地残联得到一定的救助，于是便把这一信息告诉了刘燕，并送母子二人回了贵阳。

然而一年之后，王娟再次在北京王府井大街的地下通道里遇到了母子二人。原来，当地残联以小伟未满18岁为由，并没有给他提供相应的救助。在这一年中，小伟的病情逐渐加重，由于脑部受到积水挤压，已经影响了发育，四肢不能正常活动，连进食时的吞咽都非常艰难。之前为小伟动过手术的大夫告诉刘燕，目前找不到更好的办法，劝她放弃治疗。但刘燕并没有就此放弃，她坚信有一天小伟会康复，能像其他孩子一样，自己吃饭，自己玩耍。

同样身为母亲的王娟被刘燕深深打动，再次联系了民政部门、红十字会等机构，但得到的答复都是“达不到申请救助的标准”，她只好向公司寻求帮助。

公司的伙伴们得知这一情况后，也被小伟的不幸遭遇所打动，纷纷伸出了援助之手。通过联系，北京天坛医院为小伟重新做了一次检查，并准备制订进一步的治疗方案。在公司和同事的帮助下，王娟开始在中保网和博客网上筹划小伟的“爱心专栏”，呼吁更多的好心人为小伟提供帮助。

爱是生命中最好的养料，只要有爱就有彩虹，生命就有希

望。 虽然不是每个人都能成为名人英雄，但是，每个人都可以像王娟那样，在生活、工作中用点滴的关怀付出爱、播撒爱。

爱是尘世的幸福，或是创造尘世幸福的力量。 如果你的心灵枯萎了、死亡了，那么医治它的唯一药剂便是爱。 爱的奇妙和伟大之处就在于它能激发人们生活的热情、智慧和勇气。 人是渺小的，但爱的力量却无与伦比，强大时可以支配一切、改变一切。

它能够使苦变甜，使忧变乐，使无为变有为，使弱者敢于藐视强者，使孤独者乐于拥抱世界。

有所爱的人是有福的，因为他们的生活是有激情的，因为他们的心灵是有寄托的。 拥有爱就等于拥有了一切！

狼道法则

爱生活，爱他人，爱自己，爱世上所有的一切。对一切美好事物的热爱，会使你产生努力活下去的好心情，会使你的人生发生伟大的转变。

执子之手，与子偕老

在狼族凶残的背后，狼的奉献、狼的忠诚、狼的知恩图报、狼的护崽母性、狼的助老哺幼、狼的家族亲情，等等，甚至超过了人类。狼可以说是全心全意地献身于家庭的。它们有灵敏纤细的感受，能够察觉家庭其他成员的需要。狼对伴侣极度忠诚，对于爱侣充满深情，它们绝不会吝于付出情感。

“生命诚可贵，爱情价更高。”持有这种恋爱观的人，才能享受到爱情的真境界。

我们喜欢“牵手”这个朴素而有动感的词，爱的真谛，尽在其中；爱的温馨，扑面而来。伸出手去，牵住的不仅是另一只手，而且是一个跟自己的生命一样重要的人。牵手时，有一种拥有的愉快，也有一种沉重厚实的责任感。《诗经》中有这样的句子：“死生契阔，与子成说。执子之手，与子偕老。”

夫妻间应该多一些欣赏。皮格马利翁的故事值得夫妻们永远重温。

> 很久很久以前，塞浦路斯有一个名叫皮格马利翁的国王，善雕刻，他十分欣赏自己精心制作的爱情雕像，欣赏她每一个部位，欣赏她迷人的表情，以至于爱上了她。皮格马利翁恳求维纳斯，请她为自己所欣赏、钟爱的石制雕像赋予生命。最后，国王和自己的作品喜结鸾凤。婚后，皮格马利翁从对妻子的欣赏中获得了艺术的力量。后来，萧伯纳借用

这个美好的故事编写了名叫《皮格马利翁》的戏剧及《我美丽的小姐》的音乐剧。在这两个剧本中一个名叫伊里莎·杜丽特尔的暴虐、孤僻的女人，被一位教师和他的欣赏训练成了美丽而迷人的姑娘。

由此可见，夫妻双方在婚后没有理由要将婚前对对方的欣赏收回，更不能因缔结婚姻而忽视用欣赏来巩固感情、增进爱情。因欣赏而吸引、相恋、结合可能是短暂的，因欣赏而使夫妻相敬如宾、恩恩爱爱、甜甜蜜蜜却是永久的。生活中，夫妻间把对方的一次称赞、一个眼神、一个微笑储留心底。妻子的几句赞美，毫无疑问将大大调动丈夫洗衣做饭的积极性，尽管他洗的衣服领口、袖口还脏，他做的饭菜咸得难以入口。当妻子默默地挑着生活的重担，或白菜咽饭或咸菜就馍，却把煮熟的鸡蛋悄悄塞进丈夫的衣袋时，丈夫切莫将其简单地归结为“中国女性传统美德”而处之泰然，而应该对妻子的关心赠之以欣赏、报之以爱抚。

曾经有一对人人羡慕的恩爱夫妻，一起走过了50个春秋，而彼此感情依旧。50年的时光竟不能让他们的爱情有一丝的褪色，反而是越来越炽烈。他们的那些为家庭矛盾困惑的朋友很是不解，便向他们询问：50多年的相随岁月，如何走过来？她答一个“忍”字；而他呢，答一个“让”字。

听在追求自我的年轻一代耳中，简直不可思议！如此忍让度一生，人生还有什么乐趣？生命还有什么意义？

若再追问，忍字头上一把刀，难啊！她说：“一点儿不难嘛，凡事多替他想想，不就没怨没气了？”问他该怎么让，他说：“很简单啊，她喜欢的事，就让她去做，总得给她一片自己的天空。”

在他们庆祝金婚的庆典上，来宾请他们发表一下携手半世纪的感想。一向谨言慎行的他，站起来，看着她，慢慢地说：“我们结婚时，她19岁，我现在看她，好像还是19岁那时的模样。”

他说得是那样坦然自在，在他和妻子凝视的目光里，来宾们明白了什么叫50年的爱情。大厅里响起一阵热烈的掌声，久久不息。

爱情的艺术在很大程度上说也就是理解，但这并不是全部，还有就是容忍。

追求理解，寻找知音——其实上帝造出男人和女人是为了让他们相互爱恋、相互扶持，在人生的路上相濡以沫。

有人说过，爱情像一笔存款，相互欣赏是收入，相互摩擦是支出，相互忍让是节约开支。这样的比喻是十分形象与贴切的。

幸福是一种感觉，相爱是快乐的，相守是幸福的。下面一个真实的故事，会让我们从中体味到什么是相濡以沫的幸福。

傍晚，李强看见一个小伙子正吃力地背着个姑娘上天桥，额上渗着细密的汗珠儿，他赶快过去帮着搀扶着，问小伙子：“她生病了吧？我帮你叫车送医院。”

来到天桥上，姑娘忽然大笑起来，小伙子忙向他道歉：

“对不起，谢谢您，我们在玩游戏。”

“什么？”

姑娘好半天才停住笑，告诉他说今天是他们结婚3周年纪念日，他们特意请假出来逛街。“他没有钱，我不要他买什么礼物，但他有力气，所以要他背我上天桥，才背3个来回，就累了，将来结婚30周年，我让他背30个来回，累死他那把老骨头……”姑娘趴在小伙儿肩上又笑了起来。

向来以为，浪漫必定和鲜花、烛光、音乐相连，却不知道世上还有这样一种别致的穷人的浪漫。

婚姻生活本来就是平淡的，它是由一个个平淡的爱的细节组成的。相濡以沫就是，将每一个生活细节都演绎得爱意融融，都注入关爱的心意，那么，这样的婚姻，平淡也是浪漫，艰苦也能甜美。

爱情代表着真善美的崇高境界。爱情净化了相爱的人的心灵，同时也为双方带来一种甜蜜的责任——忠诚。爱一个人应是真诚的，不是儿戏，需要爱的双方彼此珍视。

《守住一生的承诺》的作者麦肯金曾担任美国南卡罗来纳州哥伦比亚大学校长22年，在1990年，他为了照顾妻子茉莉而辞职，因为他的妻子患老年痴呆症，需要他一天24小时看护。虽然在他看来，这是个极平凡的决定，但竟持续引发各界强烈的反响，有人赞叹他对妻子无怨无悔的爱，有人深为教育界英才之引退而感叹。

当麦肯金博士辞掉校长的职位时，正值他的人生巅峰时期，有接不完的演讲邀约，但是他却在众人惊异的叹息声中，毅然决然将功名、成就、收入都放弃，单单选择24小时陪伴他那痴呆的妻子。有人建议他应该花点钱请个看护，或者将已不太懂事的妻子送到安养院。但他都拒绝了，因为多年前当他与妻子走进结婚礼堂时，他曾在上帝面前承诺，说："不论健康或疾病，顺境或逆境，我都要爱她、照顾她、呵护她，直到永远！我的妻子需要我陪她走人生最后一段路。"

婚姻本来就是如此，应该由夫妻共同创造一个有归属感和爱的家，婚姻生活不是一部童话电影，它是确确实实的、每天的动作。它有温馨的一面，同时也要有责任感和严肃性。

守住自己当初的承诺，夫妻之间要有理解、有体谅、有爱与关怀。婚姻的实践，只有夫妻两人在坚守承诺、互相体谅、互相推动之下，才能达到幸福的彼岸。

狼道法则

在与伴侣相处时要有情有义，这和人类通常以为的狼心狗肺、冷血无情截然相反。其实，狼尚且如此，何况人类？

第四章　锁定目标，专心致志：

狼族不达目标不罢休的战斗毅力

狂奔着的狼的前方必定有猎物

狼的生活就是生存，而狼的目标就是猎物，自然猎物就成了狼奋斗的动力。然而，狼为了生存则练就了自己出众的奔跑能力。

关于狼奔跑的速度，美国探险家安德柳斯有一段精彩描述。安德柳斯 1918 年在从乌得至外蒙古的上谢图汗途中，遇到了狼，并开车进行了追踪：

> 当时，一只狼突然出现在草坡上。狼注视了我们片刻，然后矫健地跑起来。地面又滑又硬，我们的车时速 64 千米，眼看快追上狼了，但是狼和我们赛起跑来，和我们的距离始终保持在 5 千米左右。
>
> 狼悠然地疾跑着，时而停下来，回头朝我们张望。但是，几分钟后，它醒悟到这好奇心可能会带来危险，便使劲快跑起来。由于路面不平坦，汽车的时速已经到了最大限度的 64 千米。和狼的距离只差 1 千米左右，我们拼命地追赶。而狼的时速似乎不到 48 千米。我们中的一个人，探出身子打了一枪，狼猛地一转身，没等汽车掉过头来，它已经跑出了 300 米开外。不久又快追上了，这回遇到了一个小丘。狼站在小丘上，疲惫不堪地垂着头，肚子一鼓一鼓的。然而令人吃惊的是，汽车刚要停的时候，它又一阵风似的跑远了。最后又追了 5 千米后，我们终于来到了戈壁滩。但是，狼没

有发出一声哀叫，英勇奋战，实际上，它是20千米赛跑中的赢家。

在这个世界上有这样一种现象，那就是“没有目标的人在为有目标的人达到目标”。因为有明确、具体的目标的人就好像有罗盘的船只一样。

安利事业部创始人之一、拥有200万员工的跨国企业的领袖理查·狄维士先生说过，没有目标的人生是没有希望的。只有设定了目标，人生才会有意义。

有个年轻人去采访塞缪尔·斯迈尔斯博士。斯迈尔斯博士是美国哈佛大学的心理学教授，虽然已经70岁高龄了，却有着相当年轻的体态。

“我在许多年前遇到过一个中国老人，”斯迈尔斯博士缓缓地说道，“那是二战期间，我在远东地区的俘虏集中营里。那里的情况很糟，简直叫人无法忍受，食物短缺，没有干净的水，放眼所及全是患痢疾、疟疾等疾病的人。有些战俘在烈日下无法忍受身体和心理上的折磨，对他们来说，死已经变成最好的解脱。我自己也想过一死了之。但是有一天，一个人的出现激发了我的求生意念——一个中国老人。”年轻人被斯迈尔斯博士的讲述深深地打动了，“那天我坐在囚犯放风的广场上，身心俱疲。我心里正想着，要爬上通了电的围篱自杀是多么容易的事。过了一会儿，我发现身旁坐了个中国老人，我因为太虚弱了，恍惚中还以为是自己的幻觉。毕竟，在日本的战俘营区里，怎么可能出现一个中国人？他转过头来问了我一个问题，一个非常简单的问题，却救了我的命。”年轻人马上提出自己的疑惑：“是什么样的问题可以救人一命呢？”“他问的问题是，”斯迈尔斯博士继续说，“‘你从这里出去之后，第一件想做的事情是什么？’这是我从来没想过的问题，也是我从来不敢想的。但是我心里却有答案，我要再看看我的太太和孩子们。突然间，我认为自己必须活下去，这件事情值得我活着回去做。那个问题救了我一命，因为它给我某个我已经失去的东西——活下去的理由！从那时起，活下去变得不再那么困难了，因为我知道，我每多活一天，就离战争结束近一点，也离我的梦想近一点。中国老人的问题不只救了我的命，它还教给我从来没学过，却是最重要的一课。”“是什么？”年轻人问。“目标的力量。”“目标？”“是的，目标、企图、值得奋斗的事。”

船在汹涌的波浪中行驶，固然是危险的事，但只要把舵者善于应付，未尝不可化险为夷，渡过太平洋，安登彼岸。一个年轻人的理念也应如此，四周都被困难所包围，你得镇静应付，打破层层阻碍，你会发现你的康庄大道。你得知道，老天绝不辜负苦心人的上进志向。

世界上许多成功人士都是一些资质平平的人，而不是那些才智超群、多才多艺的人。我们常常可以见到一些年轻人取得了远远超过他们实际能力的成就。很多人感到疑惑不解：为什么那些看上去智力不及我们一半、在学校里排名末尾的学生却取得了巨大的成功，在人生的旅途上把我们远远地抛在了后面？出现这种现象的主要原因就是那些看似资质平庸的人能专注于自己的目标，耕耘不辍，最终到达了目的地。而那些所谓智力超群、才华横溢的人却仍在四处涉猎，毫无目标，最终一无所获。

狼道法则

职场上乃至人生中，目标都是很重要的，似灯塔指引奋斗的方向。目标给了我们生活的目的和意义。当然，我们也可以没有目标地活着，但是要真正地活着、快乐地活着，我们就必须有生存的目标。伟大的思想家爱默生曾说过："没有目标，日子便会结束，像碎片般消失。"我们每个人都渴望成功，都渴望实现财务自由，都渴望能干自己想干的事、去自己想去的地方。但是要成功，就要达到自己设定的目标或是完成自己的愿望。成功就是实现自己有意义的既定目标。

知己知彼，一鼓作气

狼在观察羊群的这段时间里，只是一个观察者，而不是一个捕获者。它们仔细地综合分析所观察到的猎物群成员的生理与心理状态，那些年幼、老弱和受伤者，会很快成为它们狩猎的目标。但是，狼族优秀之处并非仅限于对狩猎对象的辨别，它们甚至能够观察、记录下许多细微到连人类都无法知觉的个性、特征与习性。比如，在对方的群体中，会出现一些细微的慌乱行为或征兆，致使某些有着特殊习性的成员脱离了群体的庇护，从而成为狩猎的突出目标。这一切，都难逃观察细微且极具耐性的狼族的注意。

尺有所短，寸有所长。聪明人总是将自己的特长发挥到极致。达尔文学数学、医学呆头呆脑，一摸到动植物却灵光焕发。阿西莫夫一直努力成为一个自然科学家。一天上午，他坐在打字机前打字的时候，突然意识到："我不能成为第一流的科学家，却能够成为第一流的科普作家。"于是，他把全部精力放在科普创作上，终于成为当代世界最著名的科普作家。传统上我们强调弥补缺点，纠正不足，并以此来定义"进步"。而事实上，当人们把精力和时间用于弥补短项时，就无暇顾及增强长项、发挥优势了；更何况任何人的欠缺都比才干多得多，而且大部分的欠缺是无法弥补的。

库克是一家500强笔记本电脑公司的推销员。一次，他去拜访一位工程师，这位工程师想买一批重量比较轻的电脑好出差用，在与库克面谈时，这位顾客说出了他的抱怨：“我觉得你们的笔记本有点重。”“您为什么会觉得重呢？”库克问。“你看，你们的笔记本有2.6公斤，而有一家公司的笔记本重量只有两公斤。”“重量为什么对您这么重要呢？”“因为使用电脑的工程师经常在外面出差，他们希望重量能够轻一些、尺寸小一些。”“我知道了。笔记本电脑是工程师的工作工具，这对于他们在外面工作是非常重要的。对于这些工程师来讲，您觉得还有什么指标比较重要呢？”“除了重量，还有配置，例如CPU速度、内存和硬盘的容量，当然还有可靠性和耐用性。”“您觉得哪一点最重要呢？”“当然是配置最重要，其次是可靠性和耐用性，再后来是重量。但是重量也是很重要的指标。”“每个公司在设计产品的时候，都会平衡其性能的各个方面。如果重量轻了，一些可靠性设计可能就要牺牲掉。例如，如果装笔记本的皮包轻一些，皮包对电脑的保护性就会弱一些。根据我们的了解，我们发现客户最关心的是可靠性和配置，这样不免牺牲了重量方面的指标。事实上，我们的笔记本电脑采用的是铝镁合金，虽然铝镁合金重一些，但是更坚固。而有的笔记本为了轻薄，采用航空碳纤维，但坚固性就差一些。”“有道理。”“根据这种设计思路，我们笔记本的配置和坚固性一直是业界最好的。您对于这一点有疑问吗？”“鱼与熊掌不能兼得了。”“您的比喻十分形象。我们在设计产品的时候更重视可靠性和配置，而这一点却增加了它的重量。但这个初衷也符合您的要求，您也同意可靠性和配置的重要性。再说只是重0.6公斤而已，不是个大数字，是吗?”“对，你说得不错。”

在库克的劝说下，客户订购了15台手提电脑。

我们应该努力根据自己的特长来规划自己，量力而行。根据自己的环境、条件、才能、素质、兴趣等，确定前进方向。做一个杰出者不仅要善于观察世界、善于观察事物，还要善于观察自己、了解自己。

在商业案例中，知己知彼、一鼓作气的企业家大有人在。

苹果之父乔布斯于1985年获得了由里根总统授予的国家级技术勋章。也许成功来得太快，荣誉背后的危机得以隐藏起来。乔布斯的经营理念在当时是一个异类，加上电脑行业的大哥大IBM公司也开始推出了个人电脑，苹果公司开始节节惨败，乔布斯成了这一失败的“替罪羔羊”。董事会决议撤销了他的经营大权，他几次想夺回权力均未成功，便愤然离开了。

没有了乔布斯，苹果的形势并未见起色。而乔布斯很快便开始了自己的又一次创业，他创办了Next电脑公司。由于苹果不知自己的缺点，无法意识到别人的优势，坚持自己的封闭性，使用苹果电脑的人就必须使用与它相配套的程序，这种“捆绑式”的销售让很多喜欢苹果电脑的人望而却步，因为使用者必须适应电脑，而不是电脑适应人。12年之后的圣诞节前夕，全球各大计算机报刊的头版头条上都出现了一则新闻：“苹果收购Next，乔布斯重回苹果。”归来的乔布斯，正因他的公司（现皮克斯）成功制作了第一部电脑动画片《玩具总动员》而声名大振。苹果公司上下都将乔布斯视为大救星，乔布斯的境遇也和当年出走时完全不一样了。

危难之际，乔布斯果敢地进行了大刀阔斧的改革。通过离开，他不仅了解了苹果的缺点，也了解了竞争对手的优势。他改组了董事会，抛弃旧怨，与苹果公司的宿敌微软公司握手言欢，乔布斯因此再度成为《时代》周刊的封面人物，苹果的命运也逐渐走向光明。

因为要在可口可乐手中夺取业已成熟的消费群体，百事可乐付出了极大的代价，包括重新定位品牌、开拓市场、细致调查以及每年数百万美元的营销费用。

但是，如果你被迫要与可口可乐和百事可乐联军对抗，那又该怎样做呢？

实际上，在开始的时候，七喜汽水就陷入了这个僵局之中。

在如此强大的对手面前，七喜的弱点也十分明显。可口可乐与百事可乐的强大之处在哪里呢？就在于这“哥俩儿”代表了可乐，人们想喝可乐基本上只会在这两者之中选其一，而在美国人喝的三瓶饮料中，就有两瓶是可乐，这就是它们的强大之处。

可乐饮料的最独特处就是可乐的主要成分——咖啡因，所以联邦法院规定凡称为可乐的品类必须要含有咖啡因。这样一来，七喜的战略就是显而易见的，那就是提供与可口可乐、百事可乐完全相反的东西——不含咖啡因的非可乐。

有趣的是，当初有人在为七喜设计出这一战略时，七喜还不敢采纳，而是在两年后眼见市场份额流失惨重，被逼无奈，才启动这一战略的。

虽然错过了最佳战机，该战略却仍然不失其威力。七喜汽水不但凭此大量收复失地，还一举拿下了美国饮料第三品牌的宝座，仅次于可口可乐与百事可乐。

成功学家通过研究发现，人类有400多种优势。这些优势本身的数量并不重要，最重要的是你应该知道自己的优势是什么、短项是什么，之后要做的则是敢于放弃短项，将你的生活、工作和事业发展都转向优势，这样你就会容易成功。尽管其路径各异，但成功者都有一个共同点，就是“扬长避短”。

生活中我们会遇到许多问题，这些问题的某个方面是对我们不利的，如某个客户对我们本人或我们的产品持有不好的评价，这时我们所应采取的策略不是消极逃避，也不是围绕问题的这个方面转来转去，而应该了解我们自己和其他人的优势和劣势，通过利用我们的优势和别人的劣势，往往可以起到扬长避短的作用。

狼道法则

“静如处子，动如脱兔；不鸣则已，一鸣惊人”是狼族的格言。它们在捕获猎物的过程中，正是因为有“从一数到十”甚至“数到一百”的耐性，才得以更好地观察羊群，得到自己最想要的东西。人也是一样，我们在想做一件事的时候，不要不经大脑、毫无准备去做，而是应该在知己知彼之后，再一鼓作气，取得最终的胜利。

把握稍纵即逝的机会

狼群都有敏锐的嗅觉，当机遇的曙光闪现的一刹那，狼族肯定会牢牢地抓住，主动出击，先发制人，因为要想在残酷的自然竞争之中生存下来，必须要主动出击以便更好地抓住机会。

“秦失其鹿，天下共逐之，于是高材疾足者先得焉。”只有捷足先登，主动抢得先机，才能让自己处于上风，企业也是如此。

“机不可失，时不再来。”机遇是稍纵即逝的，是可遇而不可求的，我们在渴盼机遇来临的同时，也要在瞬间牢牢把握住它。因为机遇不全是偶然的、随机的，它也有着自身的必然性。“机遇总是偏爱于那些有准备的人”，只要我们确定一个目标，并努力具备实现目标所需要的素质、技能和水平，就拥有了抓住机遇的能力，就能在纷繁复杂的社会中找到属于自己的机会，然后先发制人，抢占先机，让自己脱颖而出。

古往今来，由于善于抓住机会而一举制胜的事例有很多，号称“大唐开国第一战”的“浅水原之战”就是由于抢占先机而大获全胜。

唐高宗武德元年，占据西北的薛举自称秦帝，都天水，率军谋取长安。七月，率军进攻高坡，李渊派秦王李世民率军前往迎击。不久，李世民身患急病，军中无主，部将不听告诫，遭薛军偷袭，在浅水原被薛举之子薛仁杲打得几乎全军覆没，形势十分危急。八月，李世民大病痊愈，改变了作战方略，坚守不出，与敌军僵持下去。

这时薛举突发疾病而死，其子薛仁杲即位，多次挑战，很多将军因为受不了敌军的辱骂侮辱，纷纷请求与其决一死战。但因为唐军新败，士气沮丧，再加上敌军气盛轻敌，李世民接受上次失败的教训，决定坚守下去，挫其锐气，并传令三军："有敢言战者斩。"

两军相持60余日，薛仁杲的军中粮尽，前线不少将领率军投降。李世民得知后，便在浅水原选择有利地形，准备与薛军决战。他命令行军总管梁实到浅水原筑营，诱敌军出战。敌军自恃勇猛，果然率精锐来攻，但梁实据险不出，相待数日。等到敌攻击疲惫之时，李世民突率大军袭击敌军后路，敌军被斩几千人，惶恐退逃，李世民统帅轻骑两千乘胜追击。窦轨叩马苦谏："我们虽然击败了一部分敌人，薛仁杲还占据着坚固的城池，不可贸然进兵。"李世民说："我已考虑很久，破竹之势，不能失掉，请舅舅不要再说了。"于是继续直追。薛仁杲在城下仓促列阵，结果他手下一员勇将临阵降唐。薛仁杲急忙引兵入城据守，唐军包围折摭城。十一月初八，薛仁杲被迫出降，唐军平定陇西。

唐军大胜后，诸将向李世民请教："大王一战而胜，骤然舍去步兵，又无攻城器械，轻骑直驱城下，大家都认为不能攻克，但却毫不费力就攻下了，这是什么原因呢?"

李世民解释说："敌军为陇外之人，将骄卒悍，只是出其不意击破了他们，斩获并不多。如果延缓时间，都进入城中，薛仁杲抚慰他们，重整旗鼓，就麻烦了。骤然攻击，敌人就会分散逃回陇外，折摭虚弱，薛仁杲吓破了胆，无暇为谋，这就是我一战而胜的原因。”

诸将听了，深深为李世民的智慧与谋略而叹服。

不仅行军打仗要懂得抓住机遇，一个企业家在关键时刻也要抓住机遇、利用机遇。机遇对于企业来说是至关重要的，甚至在某种程度上来说，决定着企业的兴衰成败。大凡成功的企业无外乎以下几种情况——或者是赶上一个千载难逢的机遇，并且努力抓住了它；或者是迎来了一个机遇，在不经意间被机遇眷顾，一不小心脱颖而出；或者是凭着自己的努力和发展，一步一个脚印去给自己“创造”机遇。抓住一个好的机遇可以挽救一个濒临倒闭的企业，使其重获生机，柳暗花明；而如果轻易放弃一个难得的机遇却可以使企业失去辉煌，滑向失败的深渊。

企业之间的竞争不只是核心竞争力的竞争，也包括机遇的竞争。从企业最初的角色定位，到经营范围的选择、核心优势的培养，再到各种资源配置的优化，实际上都是一个个抓住机遇的过程，都是在尽可能地提高机遇发生的概率。正所谓先下手为强，抓住机遇体现在市场上就是企业的抢先战略，即市场先导者战略，企业要随时随地放亮眼睛，在行业的制高点集中注意力，像狼一样，凶猛地比竞争对手抢先一步占领市场，这是在激烈的市场竞争中得以生存的重要条件。实践证明，在其他因素大致相同的情况下，谁能把握时机、抢占商机，谁就能赢得胜利。

时间就是效率，只有以迅雷不及掩耳之势去行动，才能战胜动作迟缓的对手，取得最后的胜利。

我们已经了解了把握机遇的优势，那么，在实践中如何在别人前面把握机遇呢?

第一，要时刻关注周围环境的变化，关注外部市场的变化，只有这样才能关注企业可能会遇到的风险和机遇，从而采取有效的措施去规避和利用。

第二，要打开眼界，不要局限于小部分的人群，而是要从大环境中去寻找，而后选择更合适的人，在更大的范围内更好地进行人力资源的配置，从而更有效地利用人才。

第三，团队的作用是巨大的，要懂得团结与合作，不要单打独斗。“三个臭皮匠赛过诸葛亮”，一个人的力量终归有限，领导再英明，也敌不过全体员工智慧的结晶，所以要懂得“抱团”，借鉴别人的智慧去发展，从而最大限度地抓住机遇。

第四，要眼观六路、耳听八方，关注不同行业的发展。当今社会是一个有机的整体，各行各业之间都是有联系的，而不是独自存在的。要想提高企业的竞争力和战斗力，就不能做“井底之蛙”，只关注本行业，对其他行业不闻不问，而是要尽可能地关注所有和本企业有关的行业，不断扩大视野，从而提高总体竞争力。

第五，要突破地域的限制，把本企业的业务和发展延伸到世界各地。随着现代科技的不断发展以及电子商务的普遍应用，整个社会乃至世界都已经成为一个不可分割的整体。我们要适应社会的发展，有效地扩大资源配置，让企业更好地发展。

第六，正确的抉择很重要。做出决策的关键在于选择。在进行一个重大项目的决策时，一定要让理性战胜感性，明确自己的价值取向，对各种选择的标准进行清晰准确的排序，从而抓住机遇，有效决策。

实施“抢先战略”，目的在于“先”，关键在于“抢”，因为商机是短暂的、有限的，稍不留神就会消失。一篇报道显示：一段时间上海很多顾客都去一家商店购买一种畅销产品，商家见时机不错，马上到深圳进货。到深圳之后发现很多商店都在此进货，这家店的老板当机立断，用飞机抢运回上海。由于掌握了先机，产品供不应求，销量特别好，等到这家商店的存货销售完时，其他商店才开始销售。

这就是“抢先战略”成功的最好事例，抓住机遇是成功的法宝。李嘉诚“与大师同行”系列讲座中，在“行业中的老二如何变成老大”中把抓住时机放到第一位，他说：“能否抓住时机和企业发展的步伐有重大关联，要抓住时机，要先掌握准确资料和最新资讯，能否抓住时机是看你平常的步伐是否可以在适当的时候发力，走在竞争对手之前。时代不断进步，我们不但要紧贴转变，最好还要走前几步。要有掌握和判断最快、最准的资讯的能力和素养。不愿改变的人只能等待运气，懂得掌握时机的人便能创造机会，幸运只会降临在胆大心细、敢于接受挑战但又谨慎行事的人身上。”

当然，抢占了先机并不代表着成功，只有顺势而为，一直努力保持先锋地位，不断提高自身的价值，才能始终如一地领先，成为行业的龙头老大，这才是真正把“抢先战略”落到实处。

狼道法则

要想让自己在激烈的竞争中取得优势，就必须捷足先登，主动去观察和找寻猎物和目标，因为机遇是不会从天而降的，而是要靠自己去争取的，只有抢占了先机，才能让自己处于上风。即使偶尔失手，它也不会气馁，而是整装待发，去寻找下一个机会。

想抓住机遇，需要主动出击

海洋的深处有一种鱼，它们总是在岩石的后面张开大嘴，等待着小鱼小虾送上门，这样的生活方式只能维持基本的生存，它们始终处于一种活着但饥饿的状态；老虎、狮子等一般的食肉动物都有一个属于自己的领地，它们虽然凶猛，却一直在这个领地内活动，直到自己老死也不会离开；而狼却不同，它们是属于草原的，在有自己固定活动范围的基础上不断扩张，四处追击，不断寻求新的捕猎机会，以预防和应对食物紧缺的状况。

亚历山大在某次战役结束后，让部队进行短暂的休整。有个士兵问他："我们是不是等待机会来临时，才去进攻另一个城市?"亚历山大回答道："等待? 机会不是靠等的，而是要我们自己去创造的!"

善于创造机会，正是亚历山大取得胜利的法宝。 只有懂得积极主动去创造机会的人，才有可能轰轰烈烈地做出一番事业。

社会学家托尼·坎波罗说："我们正处于一个过分看重物质的年代，而且感情上也在逐渐退化乃至坏死。 我们不再手舞足蹈，缺乏生机与活力。"这种消极被动的状态是不利于我们成长并发展的。 只有以积极主动的态度对待一切，才能有一种蓬勃的动力，才能散发出无穷的魅力，使机遇不请自来。

不管是对个人来说，还是对一个企业来说，积极和热情都是很重要的，它是努力工作的原动力，是事业成功的源泉。 只有对自己的事业拥有无与伦比的激情，并且让别人看到你的热情，通过你的激情感染别人，才会有所收获。

英特尔公司总裁安迪·葛洛夫在对加州大学伯克利分校毕业生演讲时，对职业心态问题有独特的见解，他说：“不管你在哪里工作，都别把自己当成员工——应该把公司看作自己开的一样。”这就要求我们主动以老板的角度去考虑问题，以主人翁的心态去工作，不能投机取巧，不要仅仅把工作当作一种谋生的手段，也不是只把自己当作打工者，而是要全身心地投入到工作中，发挥自己的创造性，付出自己相应的努力，并且愿意为工作做出牺牲。 只有这样，你才能获得领导的赏识，取得一定的成就。

虽然不能保证拥有了某种态度就一定能成功，但成功的人们绝不会用消极悲观的心态面对生活、面对工作。 每个人的经历与能力不同，也许我们永远都成为不了比尔·盖茨，但是拥有了积极主动的心态，我们就拥有了更多的机会、更多成功的可能。

很多人常常抱怨自己抓不住机会：“为什么没有苹果掉到我的头上，那样我就能发现万有引力了；为什么水壶开没让我赶上，那样我就能发明蒸汽机了。 为什么含有珍珠的巨贝没有在我家旁边的海湾？ 为什么千里马就可以遇到伯乐，而我却总是怀才不遇呢？”

不妨试想一下，如果上帝把一个苹果掉落在你的头上，你是会抱怨砸痛自己的头呢，还是垂青于苹果的美味呢？ 你会像牛顿一样思考为什么苹果会往下落吗？ 如果你也看到水壶开了，是不安地走开还是吩咐别人来提开了的水壶？ 你会思考壶盖跳动的原因吗？ 如果在你必经的道路上出现一颗珍珠，你会埋怨它挡住了你的去路，还是会把它像皮球一样踢走？ 你会发现它的可贵之处吗？ 如果你已经具备了千里马的本领，那么是否会像其他马儿一样，主动地去推销自己，寻求伯乐呢？

有这样一个故事：

有个青年整天都在祈祷："上帝啊，请你保佑我中个大奖吧。"可是，很多年过去了，这个青年依旧一贫如洗，什么奖都没中。有一天，他终于忍不住了，向上帝抱怨道："都说你能听见人的祈祷，但是我祈祷了这么多年，你为什么就不能帮我实现这个愿望呢？"

"我可以帮你实现，但是至少，你也要买张彩票吧！"上帝回答道。

所以，不要抱怨别人没有给你机会，机会是要自己争取的。不同的人面对相同的事情，身在相同的境地，所看到的东西、做的事情都是不同的。 有的人能从绝境中看到希望和曙光；有的人却是一味地挑剔，只看到对自己不利的形势。

美国的一家皮鞋公司为了拓展业务，分别派出两个推销员到非洲某土著国家去考察市场。

一个月之后，两个推销员相继回来，谈到是否有市场时，第一个人垂头丧气地说："我看还是算了吧，那里的人根本不穿鞋子，要想开展业务举步维艰啊！"而第二个人却笑容满面地说："我们发现了一个新大陆，那里的人都没有鞋子，一旦让他们明白穿鞋子的作用与好处，我们肯定会销量大好！”

公司对第二个人的考察很满意，并让他在那里开设了一家分厂，果然，取得了很大的业绩。

拿破仑曾经说过：“弱者等待机会，强者创造机会。”我们要善于从事情中看到机会，主动地去寻求机会，发挥自身的创造力，而不是守株待兔、坐井观天，让机会从自己身边溜走。

一个年轻人到山上去向一个武术高人拜师学艺，经过了十几年的艰苦训练，年轻人终于可以学成下山了。临行前，他毕恭毕敬地让师父给他上最后一课。

这个著名的武术学家并没有像平时一样教他功夫，而是问了他一个问题：“如果你面对一个极强的高手，根本发现不了他的任何破绽，你会选择什么方式打败他？”

年轻人想了想回答道：“防守，我要在保存实力的前提下去慢慢发现机会，发现他的破绽，只要找到机会，我就有足够的信心打败他。”

“你懂得机会的重要性，这点是值得肯定的。但是，记住——寻求最佳机会的最好办法并不是防守，而是进攻！只有在不断进攻的过程中，敌人才更容易露出破绽。”

年轻人下山之后，时刻谨记师父的教诲，任何时候都不忘主动出击，去开启机会的大门。没过几年，他也成为一代名家，面对慕名而来的学习者，他把师父的教诲一直传扬下去，教出了很多武术奇才。

要知道，天下没有免费的午餐，没有主动送入狼口的羊。馅儿饼也不是随随便便就掉下来的，即使有，也是微乎其微，说不定它是用来砸你的。机遇不仅仅是主动撞上来的兔子，只有主动出击的猎人才更有机会得到机遇的垂青。

不要以为“人的命，天注定”，要相信人定胜天。机会不仅仅偶然获得，更是勇气和智慧的结晶。

英国的培根曾说：“只有愚者才等待机会，而智者则造就机会。”不管外部的环境怎样，我们的命运应该掌握在自己的手中。我们要用自己的知识和努力去发现机会、抓住机会，不断进取，让自己获得更多成功的机会。

狼道法则

狼和其他动物的不同之处在于，它不安于现状，不追求一时的安逸，而是有更高的追求，为了生存主动出击，去给自己创造更多的机会，让自己的生存有更多的保障。只有这样，才有机会，就算找不到肥羊，至少也能找到一只兔子。

第五章　立即行动，主动复命：

狼族雷厉风行的战斗作风

狼是思想家，更是行动派

狼族不会将任何事物视作理所当然，它们倾向于亲身的体验和行动。狼仿佛天生便是个不折不扣的行动家。行动起来，它们才能捕获生存的食物。

狼的生存环境十分严酷，无论它遭受多少挫折，也无论每次挫折有多么严重，留给它思考的时间几乎是零，因为狼不得不马上从失败中崛起。如果一味地思索、空想或者懊恼，那么结果只能是一个：饿死！狼是思想家，但是狼从来不会因为思考而耽误行动。

在狼的世界里，时刻行动起来，就如同天空一样古老而真实，信奉这个真理的狼就能生存，违背这个真理就会死亡。在想到和得到之间，还要做到，我们想成功，除了思考之外，关键还在于行动。因此，我们在心动的同时，更要行动。

狼的准则是你不主动生活，生活就会抛弃你。作为人类，我们更应该具有狼的这种主动精神。可惜，有许多人还不如狼，不懂得行动胜于空谈的道理。他们总是站在荒芜的土地上，在遥远的天空中寻找着属于自己的机会，盼望着某一天一觉醒来就有美好的机会等在自家门口，自己可以一步登天。然而，机会是最公正的，它永远不会光顾那些生命中的看客。

德谟斯忒斯是古希腊的雄辩家，有人问他雄辩术的首要之点是什么。

他说：“行动。”

第二点呢？

“行动。”

第三点呢？

“仍然是行动。”

人有两种能力：思维能力和行动能力。没有达到自己的目标，往往不是因为思维能力，而是因为行动能力。

在我们的一生中，总有种种的憧憬、种种的理想、种种的计划。假使能够将一切的憧憬都抓住，将一切的理想都实现，将一切的计划都执行，那在事业上的成就，不知有多么宏大，我们的生命不知有多么伟大。然而我们往往是有憧憬不能抓住，有理想不能实现，有计划不去执行，坐视种种憧憬、理想、计划幻灭并消逝。

有一个雅典人没有口才，可是非常勇敢。有一天开大会，许多人做了精彩的长篇演说，许诺说要办许多大事。轮到这个人发言，他站起来，憋了半天只说出一句话：

“大家说的事情……我都要做！”

要想成功，取得最佳成绩，唯一的方法，就是在事务当前，立刻动手去做。

成功开始于心态，成功要有明确的目标，这都没有错，但这只相当于给你的赛车加满了油，弄清了前进的方向和线路。要抵达目的地，还得把车开动起来，并保持足够的动力。

俄国作家冈察洛夫曾塑造过一个奥勃洛摩夫的形象：

他胸怀大志，也颇有才气，常常突然产生一个思想，像大海里的波涛似的在他头脑中起伏奔腾。随后发展成为一种企图，使他的血液沸腾，筋肉蠕动，血脉偾张。于是，企图又变成志向。他受到精神力量的激动，一分钟内迅速地改变了两三次姿势……可是，从早上到黄昏，他只是躺在床上，整整一天什么事情也没做。

这就是俄罗斯文学画廊中著名的“多余的人”的形象。这样的空想主义者，当然不可能成为真正的成功者。想到，还要做到，这是成功者共同的行为准则。同样，心动不如行动，目标再伟大，如果不去落实，永远只能是空想。成功在于意念，更在于行动。成功者的口号是：行动，行动，再行动！

所以，要记住，“现在”就是行动的时候。

狼道法则

“要做，立刻去做。”这是人们成功的格言。要成功就要采取行动，因为只有行动才会产生结果，要成功就要知道成功的人都采取什么样的行动。

最快的判断带来最果断的行动

荒凉无际的雪原上，狼在孤独地行走着，看似漫不经心的脚步中，一双琥珀般闪亮的眼睛在不停地搜索着，一天，两天，三天……目标终于出现了，慢慢地，一步一步地靠近，突然，一个身影似离弦之箭射了出去，以绝杀之技将目标擒下。

六只蜜蜂和同样数目的苍蝇被装进一个玻璃瓶中，瓶子平放，瓶底朝着窗户。蜜蜂盲目地想在瓶底上找到出口，却始终难以飞走，最后导致力竭倒毙或者饿死；而苍蝇则会在不到两分钟之内，穿过另一端的瓶颈逃脱出去。

蜜蜂之所以有着和苍蝇截然不同的命运，就在于判断的不同和想法的差异。

蜜蜂以为，玻璃瓶的出口必然在光线最明亮的地方，于是它们认定这是个真理，并不停地重复着这种看似合乎逻辑却错误的行动；而苍蝇懂得用行动去寻找最正确的出路，于是，它们轻易地飞了出去。

歌德曾经说过，最可怕的莫过于无知而行动。如果你不能正确地判断一件事，那么就算采取了积极的行动，也是徒劳，只会耗费自己的力气，使自己走向失败甚至灭亡。要想开辟出一条新的道路，就要换一种思维方式，选择最正确的行为。

白兔、乌龟、青蛙、海螺、蚂蚁等一群小动物，站在一起，准备赛跑。它们的目的地是前面那座美丽的花园。

青蛙高喊了一声："跑！"大伙儿立即行动起来。青蛙边跳边喊着"加油！"白兔笑嘻嘻地冲在最前头，乌龟使劲前进，蚂蚁拼命追赶……

突然，大家发现海螺不见了。转身向后一看，只见海螺气喘吁吁地横着往另一个方向爬去。

"海螺大哥，你跑的方向错啦！"青蛙大声喊道。

"对对对，你爬错了，快向我们靠拢！"小白兔说道。

"你们才跑错了呢！"海螺不服气，"我不会向你们靠拢的，你们向我靠拢才对。"

无论大伙儿怎样呼唤，海螺依旧我行我素，横着朝它的那个方向急急爬去。

大伙儿叹了口气，只好各赶各的路。

海螺独自嘟囔道："我两眼始终正面盯着那座花园，绝对没错儿。它们不听我的，疏远我，冷落我，准是出于嫉妒。呶，这不是明摆着的吗，它们的手脚哪个有我多？"

可是，它的手脚越多，跑得越快，离目的地也就越远了。

在竞争激烈的当代社会，成功少不了积极的行动与努力，但是，值得一提的是，很多事方向比努力更重要。固执己见，一意孤行，只会让自己距离目标越来越远。

我们身边有很多勤奋的人，但并不是每个勤奋的人都能取得成功，这些辛苦工作的人始终碌碌无为；这个世界上也有很多看似成功的人，但他们却不快乐……因为这些人虽然勤奋，却走错了道路，使自己南辕北辙，导致很多努力白费；这些人虽然取得了一定的成绩，但由于选错了方向，使自己的现状与最初的梦想背道而驰。比如有的人不分昼夜地完成一项工作，却发现自己弄错了对象，有的人有着成为艺术家的潜质，却阴错阳差做起了销售，虽然取得了一定成功，但总是很遗憾的。

这些人在爬到了梯子的顶端之后，却发现梯子架错了墙。

著名出版商郝明义在他的励志著作中，曾经提到过这样一件事：

有一年他在马来西亚的一个小岛上游泳，游着游着，海底一下子变得昏暗模糊起来，他觉得越游离岸越远……他被呛了一口水，在海水中一直被冲得离岸远去。

这一瞬间，他觉得双手发软，无力继续划动，所有游泳的节奏都已乱掉。

在这个生死攸关的时刻，两个信念支撑着他游了下去。一是他要选择并确定自己的方向，不能越游离岸越远。方向只要选对，只要坚持游下去，就一定会得救。二是他要让自己放松，维持基本动作，保持顺畅的呼吸，不要呛到水。

游回岸边获救之后，他忽然悟出了受用一生的生存哲理：只要方向没错，一定可以达到目标。

美国“股神”沃伦·巴菲特之子彼得·巴菲特在19岁那年，获赠了父亲公司的一些股票。当时彼得正在斯坦福大学读书，他便将这些股票兑现，得到了9万美元。他没有像父亲一样投身商界，而是当了一名音乐制作人。10年后，彼得通过艰苦努力，取得了巨大的成功，并获得包括艾美奖在内的诸多殊荣。

有人计算过，如果他一直持有那些股票，现在的价值将超过7200万美元，远比他当今所创造的财富多。彼得的确可以什么也不做，静静等着他的股票升值，使自己变成千万富翁。但这样的结果并不是他所认为的成功，因为这不能体现他的价值，不能让他感到快乐，于是他选择了另一条路去行动，把自己的梯子，架在了体现他价值的墙上。

西门子公司，每个部门都有两个领导，没有一个绝对的领导。如果其中一个不同意，另一个就没有办法实施任何决定，哪怕是很好的决定。西门子中国有限公司副总裁王春岩就如此解释："我们在非常快的发展当中，面临着非常强的竞争对手，大家都认为我们的这种做法很浪费时间，很官僚。这种做法有时候是很浪费时间很官僚，但是你知道，如果你跑路跑错方向的话，跑得越快，效果越差。"

对于行动来说，正确的选择是很重要的，但是现实生活中很多人不能对自己的生活、工作做出正确的选择。比如很多人不了解自己到底适合做什么工作，于是在换来换去中不断迷惑；有的人不知道自己喜欢什么样的生活，于是在迷茫中碌碌无为……

通往成功的道路有很多，但你要找到适合自己的道路并没有那么简单。成功者与失败者的区别在于，成功者选择了正确的方向，而失败者选择了错误的方向。

所有的道路，都应该是自己去选择和争取的，没有选择，你就不会知道什么样的环境适合你发展、什么样的工作值得你努力。没有选对明确的方向以前，盲目的行动是没有太大意义的，只会是瞎折腾，让我们南辕北辙。

狼道法则

行动不是盲目的，也不是被动的，而是必须以最快的速度去判断，然后再采取准确的行动，否则只会南辕北辙，就算你采取的行动再及时、再迅速，也是无济于事，它只会使你距离目标越来越远。只有最快最准确的判断才能换来最果断也最准确的行动。

战胜焦虑，坚定自己的行动计划

面临对手，无论是凶猛的猎豹、力大无穷的野牛和驯鹿，还是速度惊人的野兔，在需要出击时，每一只狼都会表现出惊人的果断。

一只狼正在原野上奔跑，它已经饿了两天两夜。穿越丛林时，它发现一只野兔从眼前跳过，于是狼借着丛林的掩护悄悄向野兔移去。当它准备发起进攻时，野兔发现了它，以闪电般的速度向丛林前的山丘跑去。

狼可不想放弃到嘴的美食，随后追了上去。兔子身体灵活，在山丘上恣意穿梭，尽量把路线跑得迂回曲折一些，以甩掉后面正在追捕的饿狼。狼碰撞到不少障碍物，但它丝毫没有松懈，始终穷追不舍。

一段时间过后，兔子的体力渐渐处于下风，最终落入狼口，成了狼的美味佳肴。

狼果断才能获得食物。 果断，是指能适时地做出经过深思熟虑的决定，并且彻底地实行这一决定，在行动上没有任何不必要的踌躇和疑虑。

对人来说，行事果断，能使我们在遇到困难时，战胜多余的焦虑和担忧，坚定自己的行动计划，增添必胜的勇气和信心，最后果断地赢得成功先机。

在行动前，很多人提心吊胆，犹豫不决。在这种情况下，首先你要问自己："我害怕什么？为什么我总是这样犹豫不决，抓不住机会？"

不要为自己找借口了，诸如别人有关系、有钱，当然会成功；别人成功是因为抓住了机遇，而自己没有机遇。这些都是你维持现状的理由，其实根本原因是你根本没有什么目标，没有勇气，你是胆小鬼，你根本不敢迈出成功的第一步，只知道成功不会属于你。

当遇到事情时，多听取他人意见以资参考固然重要，但决定事情的终究还是自己，要为此事负责的也是自己。没有快刀斩乱麻的气魄，有时会错失良机。所以，一旦我们确立目标，行动就一定要果断、迅速。

如果你瞻前顾后，如果你犹豫不决，如果你不能身体力行，如果你不知道自己该做什么，那么，属于你的只有永远的失败，你就永远不可能成为一名真正的领袖。因为这些根本就不是一个领袖的品质。

那些能够迅速做出决定的人从来都不怕犯错误。不管他犯过多少错误，与那些懦夫和犹豫不决的人相比较，他仍然是一个胜者。那些怕犯错误而裹足不前的人，那些害怕变化和风险而犹豫彷徨的人，那些站在小溪边、直到别人把他推下去才肯游泳的人，永远都无法到达胜利的彼岸，永远都无法摘取胜利的硕果。

有一位作家说："世界上最可怜又最可恨的人，莫过于那些总是瞻前顾后、不知取舍的人，莫过于那些不敢承担风险、彷徨犹豫的人，莫过于那些无法忍受压力、犹豫不决的人，莫过于那些容易受他人影响、没有自己主见的人，莫过于那些拈轻怕重、不思进取的人，莫过于那些从未感受到自身伟大内在力量的人。他们总是背信弃义、左右摇摆，最终自己毁坏了自己的名声，一事无成。”

如果你害怕在人多的场合讲话，一定要找机会去说，大声说。想去找一个人的时候思虑太多，这时候最简单也是最好的办法就是不让自己多想，现在做，立刻就做，打破自己原有的思维逻辑和习惯，走出第一步，勇气就产生了。

处理问题时，往往稍一犹豫，就会失去机会，因为你经常要面临很多竞争者。当你犹豫不决的时候，想一想拖延可能给人生带来的经济损失，想一想将给自己带来的后果，你就会果断地做出决定了。

树立了信心，尤其遇到突发事件时，不必反反复复地思考，认定了对工作有利的做法后，就可以放心大胆地去执行，要当断则断。相信任何公司都需要遇事精明、懂得变通的职员，而凡事都一一报告、没有一点主见的员工往往不受欣赏。无论在学习、工作还是生活当中，我们都要注意培养果断办事的能力，因为果断所带来的敏捷、坚毅、果敢是一笔不可多得的财富，它们能帮助我们把握人生的每一次良机。

狼道法则

对待生活中的各种新情况，我们应该像果断出击的狼群一样，在第一时间做出反应。

在心为志，不满足既得的成绩和利益

千百年来，狼就是靠着自己的欲望、志向和梦想，在人类的怒斥鞭挞下，顽强地活着，繁衍至今。

在很多人看来，狼不过是一种终日为果腹而疲于奔命的动物，根本没有什么志向可言。事实并非如此，狼群蓬勃的野心和远大的志向足以让人类汗颜。狼群在捕猎的时候，它们往往不只是盯着一个猎物，它们有时候会将整个猎物群作为自己捕猎的目标。

有一年冬天，内蒙古额仑草原西北部一片优良的暖坡草场，刚刚集结起一个由数百匹优良马组成的马群，而为了保护这群马，当地调拨了10个有经验的牧民和十几条猛犬来看管马匹。

很快地，这个消息被饿了一冬的狼群知道了。虽然狼知道这是个烫手的山芋，且不说有人和狗守护，膘肥体壮的马本身就有相当强的自卫能力。

力量的对比何等悬殊？但野心勃勃的30多只狼还是义无反顾地上路了。让人不可思议的是，这支狼群竟然最终凭借野心和智慧，几乎全歼马群。狼群获得了成功，并让所有看见和听见这个事实的人目瞪口呆。

从另一个角度来说，狼的这种永远盯着更大的目标、不满足于眼前的精神，也是我们需要的一种精神。不论是对于团队还是个人来说，志存高远，不满足于一点成绩和进步，才会有大的作为。

“志”是人的心意所向，《诗·关雎序》称：“在心为志。”作为人生的追求目标，“志”有着举足轻重的地位。狼的生存也可以称其为心态的生存，这可以引申到我们人类的笃志而行。

志向可以使一个人从大地上站立起来，从懵懵懂懂中清醒过来，从浑浑噩噩中悔悟过来，从芸芸众生中凸显出来。生活不能没有目的，人生不能没有方向。志向，就是给人生一个目的、一个方向，他的智慧、情感和意志沿着既定的方向驶向既定的目的。《大学》有言：“知止而后能定，定而后能静，静而后能安，安而后能虑，虑而后能得。”这个止，就是人生的至善境界、生活的目的，它是使人高大的东西、支撑人的价值和尊严的东西。

追求卑微者，所获寥寥。所以一定要有鸿鹄之志，敢想敢做。志向高远与否，使人们的性格和行为产生很大的不同，这种差异比想象中的要大。有的人天生就没有志向，有的人则志向卑微，有的人则志向高远。他们进步和成功的程度和他们志向的大小是相称的。有个谚语说：“心高高不过天。”这话不错，但射箭的时候瞄准太阳总比朝水平方向射得高！虽然用弓箭射太阳是不可能的，但年轻人可以有一个远大的理想而不是痴心妄想。

志向可以说是一个人成功的欲望，这个欲望的强弱决定了人的成功与否。

没有人不想成功，但是，每个人对成功的渴望程度却是有差别的，正是这种差别造成了不同的结果。

富勒有7个兄弟姐妹，他从5岁开始工作，9岁时会赶骡子。他有一位了不起的母亲，她经常和儿子谈到自己的梦想："我们不应该这么穷，不要说贫穷是上帝的旨意，我们很穷，但不能怨天尤人。那是因为你爸爸从未有过改变贫穷的欲望，家中每一个人都胸无大志。"这些话深植富勒的心，他一心想跻身于富人之列，开始努力追求财富，12年后，富勒接手一家被拍卖的公司，并且还陆续收购了7家公司。他谈及成功的秘诀，还是用多年前母亲的话回答："我们很穷，但不能怨天尤人，那是因为爸爸从未有过改变贫穷的欲望，家中每一个人都胸无大志。"富勒在多次受邀演讲中说："虽然我不能成为富人的后代，但我可以成为富人的祖先。"

真正的成功者必须抱着"我要成功，我一定要成功"的欲望，要有"我一定要"的决心，这是生命的内在动力，也是迈向成功的原动力。

这个世界的很多人之所以不能成功，是因为他没有真正想要过。有些人虽然不断地想要，但并非一定要想得到，所以一遇到困难就开始退缩。

成功需要有"我一定要"这种志在必得的欲望，这需要坚定的信念和顽强的毅力。

世界永远会把目光聚焦在成功者身上，这是不容置疑的事实。因此，请你用生命的全部能量大声呐喊："我要成功，我一定要成功！”只要你发自内心，这个世界就会被震撼。

你必须要，一定要！ 全力以赴地要！ 否则，你只有挑别人剩下的。 不想要，或者是欲望不够强烈，是人们不能成功的重要原因。 而一旦要，并把这种欲望释放出来，你生命的能量就会爆发。

1942 年，一个 14 岁的少年默默记住了父亲临终时的嘱托，在幼小的心灵里激发起“立志发达，建立一番事业”的欲望，带着一定要“不报你恩，誓不罢休”的决心，迎接一浪又一浪的挑战，攀过一个又一个高峰，成为实业界的巨子。这就是香港的李嘉诚。

松下幸之助曾经这样说：“如果你想成功，那么不管做什么事都一样，最重要的就是要有想去完成那件事的强烈欲望。 如果心里一直想着不完成它绝不罢休，事情可以说是已成功了一半。 有了这种积极的成功欲望，一定能想出完成这件事的手段或方法来。”

这段话道出了一个亘古不变的成功法则：强烈的需求心从来都是推动人们成就事业的巨大力量。

松下先生还说过这样的话：“松下电器公司之所以能成功地培育出杰出的人才，最主要的原因，就是经营者本身有这种强烈的欲望。”

强烈的欲望、远大的志向的确是一种无比神奇的力量，凭借这种力量，人们绝不会承认“不可能”这三个字，也绝不会把失败当作事实来接受。

现实社会中的很多人都在立志，但是不敢立大志，对自己缺乏足够的自信，其实我们应当深信：志当存高远，要立志就要立大志。

狼道法则

俗话说："有志者事竟成。"只要我们有坚定不移的奋斗目标、源源不断的成功欲望，相信终有一天，我们就会像狼一样迅速捕获成功。如果你想成功，那么不管做什么事都一样，最重要的就是要有想去完成那件事的强烈欲望。

没有计划的行动是失败的罪魁祸首

头狼的作风和追求就是完成自己的目标。在捕捉猎物时，头狼的目标性很强，计划周密，这为行动的成功打下了良好的基础。没有计划的行动是失败的罪魁祸首。

凡事预则立，不预则废。

许多管理学家与管理人员十分强调计划的重要性。随着未来不确定因素的增多和组织规模的扩大，计划工作的作用日益突出。美国学者 R. 豪斯和他的同事曾就这一问题进行了专门研究。他们调查了 92 家企业，其中 17 家有正式的长期计划，其余的要么仅有非正式的长期计划，要么没有长期计划。他们给出了衡量企业经营好坏的主要指标：销售额、股票价格、每张股票的收益、缴税后的纯报酬等。通过比较发现，有正式的长期计划的公司几乎在每个方面都优于没有长期计划的公司。

在经济危机的浪潮中，你是否经常会不知所措，认为找不到人生的方向，觉得一切都十分渺茫，不知道现在应该做什么？其实，这是人生当中常会遇到的问题，那我们该怎样做呢？读下面这则故事，你可以从中得到一个很好的答案，或许它可以很实际地帮助你走出目前的困境。

下面这个故事描绘了主人公在茫然迷惑的境地如何决定自己的人生线路。

那时主人公 19 岁，在美国某城市的一所大学主修计算机，同时在一家科学实验室工作，繁忙的学习与工作让他一天24小时内几乎没有任何空闲，但他仍一有时间便从事钟爱的音乐创作。他酷爱作曲，出于对音乐共同的热爱，他结识了一位与他同龄的作词女孩儿，也正是这位聪慧的女孩儿让他在迷茫中找到了事业的起步点。她知道主人公对音乐的执着，但面对那遥远的音乐界及整个美国陌生的唱片市场，他们没有任何渠道和办法。某一天，两人静静地坐着，若有所思，但一无所获，他甚至不知道目前的自己应该做些什么。突然间，她很严肃地问了他一个问题："想象一下，五年后的你在做什么？"他愣住了，不知该如何回答，她转过身来，继续给他解释，"你心目中'最希望'五年后的你在做什么？你那个时候的生活是什么样子的？"

主人公沉思过后，说出了自己的希冀：第一，五年后他希望能有一张广受欢迎的唱片在市场上发行，得到大家的肯定；第二，他要住在一个有丰富音乐的地方，天天与一些世界顶级音乐人一起工作。

女孩儿下面的话对主人公意义重大，她帮助他做了一次时光推算：如果第五年，他希望有一张唱片在市场上发行，那么，第四年他一定要跟一家唱片公司签上合约，第三年他一定要有一个完整的作品能够拿给多家唱片公司试听，第二年，一定要有非常出色的作品已经开始录音。这样，第一年，他就必须要把自己所有要准备录音的作品全部编曲，排练就位，做好充分准备。第六个月，就应该把那些没有完成的作品修饰完美，让自己从中逐一筛选，而第一个月就是要把目前手头的这几首曲子完工。因此，第一个星期就是要先列出一个完整的清单，决定哪些曲子需要修改、哪些需要完工。话说到此，她已经让他清楚自己当下应该做些什么了。

对于主人公的第二个未来畅想，她继续推演，如果第五年他已经与顶级音乐人一起工作了，那么第四年他应该拥有自己的一个工作室。那么，第三年，他必须先跟音乐圈子里的人在一起工作。第二年，他应该在美国的音乐聚集地洛杉矶或者纽约开始自己的音乐旅程。

主人公在这番时光推演中，找到了自己的人生路线，他让未来决定自己当下应该做的事情，把目标一步步分解。第二年，他辞掉了令人羡慕的稳定工作，只身来到洛杉矶。大约第六年，他过着当年畅想的生活了。

这个故事读来，意味深长。当你在感到困惑时，学学这位主人公，静静想想：五年后你“最希望”看到自己在做什么？

如果，你自己都不知道这个答案的话，你又如何要求别人为你做出选择或开辟道路呢？上帝已经把所有“选择”的权利都交到我们自己手上。在你问自己“为什么会这样”的时候，你不妨试着问问自己，你曾否“清清楚楚”地知道你自己要的是什么。多想想“未来将是什么样，如何变成那样”，而不是一直在痛苦“路该怎么走”。人常常想得很多，做得很少，为了不造成遗憾，要及早把握成功的机会，让未来的你决定现在要做的事，当你把看似远大的目标分解开来时，你只不过是要做好手中的一件件小事而已。

计划工作，通过各种资源在数量上的综合平衡和空间、时间上的合理安排，使各种资源得到充分利用，减少了浪费，降低了流通成本，提高了企业的经济效益。特别是资金的有效利用，对流通企业的正常经营和提高经济效益至关重要。一份周密的计划可以通过资金需求与现金流量之间的衔接，保证资金需要，也减少了资金浪费。

计划的重要性渗透于整个组织经营的各个方面，贯穿于经营的全过程，具体来说，表现在以下四个方面：

1. 消除不确定性及变化所带来的不良影响

凡事预则立，不预则废。环境的变化具有绝对性，尤其是处在当今社会，社会政策、经济政策、科学技术和人的观念都处于变化之中，组织要生存和发展，必须以变应变。面对层出不穷的无组织变量，计划工作承担着预测变化并设法消除这种变化对组织产生不良后果的任务。未来的不确定性要求计划根据已有的信息来分析各种可能发生的变化以及这种变化与组织目标的关联度，制定出一旦这种变化发生所应采取的措施，以减少变化对组织经营的不良影响，阻止组织可能出现的混乱，并充分利用变化所带来的各种机遇。当然，有些变化是无法预测的，计划时间越远，不确定性就越大，这一方面是由于人们所掌握的有关未来的信息有限，另一方面是偶然的变化是难以预测的。但是，科学的预测工作可以把未来的风险降到最低限度。

2. 使整个组织的经营更为有效

计划工作是一项将组织的活动进行系统化的工作，它使整个组织的工作协调一致、相互配合，以发挥整体优势。计划工作确定了组织的目标和行动方案，使整个组织的活动有序、和谐，可避免盲动和不协调带来的损失。计划工作还有助于用最短的时间完成工作，减少迟滞和等待时间，有助于合理使用与控制资源。

3. 引起组织成员对目标的关注

确定目标是计划工作的内容之一，而一切计划又必须围绕目标来进行。明确的目标是各部门工作协调一致的基础。一般来说，管理人员习惯专注于当前的问题，计划则可以使他们考虑将来。此外，组织成员对目标的理解具有很大的激励作用。一个有效的领导往往把制订计划的工作看作是一个动员群众的教育过程，通过制订计划，明确目标，鼓励成员为实现目标而奋斗。

4. 便于管理人员对组织进行控制

计划工作所确定的目标和指标体系是管理人员进行控制的基础。有些管理人员把计划与控制视为一把双刃剑：计划为管理活动提供控制标准，而计划的实现需要控制的保证。

制订正确的项目计划，不仅仅需要经验，更需要全面了解项目相关信息，计划失误也是造成项目失败的主要原因之一，而如何制订切实可行且行之有效的项目计划需要项目经理在平时的积累。除了要具备足够的项目经验之外，作为项目经理还必须了解足够的关于组织、客户、市场等诸多的信息。

当然，导致管理者在计划工作中失败的原因并不止于此，这些失误只是更具有代表性和普遍性。每一管理者在计划管理中，可能由于自己的特殊原因而导致计划的失败。因此，每一位管理者都应该找出自己在管理计划过程中的不足和失败的原因。

狼道法则

在经济危机的浪潮中，你是否经常会不知所措，认为找不到人生的方向，觉得一切都十分渺茫，不知道现在应该做什么？其实，这是人生当中常会遇到的问题。任何一次行动，首先需要锁定目标，制订出周密的计划，根据周围的环境、对手的强弱等因素来完善行动的计划。没有计划的行动是失败的罪魁祸首。这样的道理同样适用于人类，企业的任何规划都需是有计划的。

思想的浮华，要用行动解决

严酷的生存环境和人类的捕杀使得狼在生存过程中会遭遇很多挫折，但无论挫折有多么严重，它都会坚持下去，甚至没有什么思考的时间，就要很快地从上次的挫折中走出来。如果它做不到，而是一味思索和犹豫，那么等待狼的就只有饿死。狼是有思想的，但狼从来不会沉浸在思想的浮华里，而忘记了行动。

两个人站在一个十字路口，前面大路小路纵横交错，犹如一张理不清的网。

一个自以为很有智慧的人走到网前，很优雅地弯下腰，一点一点地慢腾腾地理着网，一边自言自语地说："我有着伟大的思想，我一定要找出一条路来。"而另外一个人走到网跟前，看了看网，就果敢地迈步向网中走去，一边走，一边理着网。

几天以后，第二个人回来了。他衣衫破烂，身上有一道一道的伤痕，但是他找到了一条适合自己走的路，在那条路上，洒着斑斑点点的血迹，他整理了一下破烂的衣衫，又出发寻找新的道路去了。

而那个所谓的很有智慧的人却依然在网前苦思冥想。

这个故事告诉我们，不管多么伟大的思想，如果不伴随着行动，也是一文不值的。就像孟子说的，志不强者智不达，言不信者行不果。一个人不能只顾空谈而不去迈开行动的步伐。

伽利略是著名的物理学家。他不仅喜欢向老师提出问题，有着打破砂锅问到底的执拗，而且很注重用行动去验证自己的想法。

在伽利略之前，古希腊的亚里士多德认为，物体下落的快慢是不一样的。它的下落速度和它的重量成正比，物体越重，下落的速度越快。

1700多年以来，人们一直把这个学说当成不可怀疑的真理。

年轻的伽利略根据自己的经验推理，大胆地对亚里士多德的学说提出了疑问。

但他没有仅仅停留在疑问和推理上，经过深思熟虑之后，他决定亲自动手做一次实验。他选择了比萨斜塔做实验场。这一天，他带了两个大小一样但重量不等的铁球，一个重100磅，是实心的；另一个重1磅，是空心的。伽利略站在比萨斜塔上面，望着塔下。塔下面站满了前来观看的人，大家议论纷纷。有人讽刺说："这个小伙子的神经一定是有病了！亚里士多德的理论不会有错的！"实验开始了，伽利略两手各拿一个铁球，大声喊道："下面的人们，你们看清楚，铁球就要落下去了。"说完，他把两手同时张开。人们看到，两个铁球平行下落，几乎同时落到了地面上。所有的人都目瞪口呆了。伽利略的实验，揭开了落体运动的秘密，推翻了亚里士多德的学说。这个实验在物理学的发展史上具有划时代的重要意义。

哥白尼是波兰杰出的天文学家，他经过40年的天文观测，提出了“日心说”的理论。他认为宇宙的中心是太阳，而不是地球。地球是一个普通的行星，它在自转的同时还环绕太阳公转。

伽利略是个很有想法的人，尽管他也相信哥白尼的“日心说”，但还是决定亲自用行动来证明。

1608年6月的一天，伽利略找来一段空管子，一头嵌了一片凸面镜，另一头嵌了一片凹面镜，做成了世界上第一个小天文望远镜。实验证明，它可以把原来的物体放大3倍。伽利略没有满足，他进一步改进，又做了一个。他带着这个望远镜跑到海边，只见茫茫大海波涛翻滚，看不见一条船。可是，当他拿起望远镜往远处再看时，一条船正从远处向岸边驶来。实践证明，它可以放大8倍。伽利略不断地改进和制造着，最后，他的望远镜可以将原物放大32倍。

每天晚上，伽利略都要用自己的望远镜观看月亮。他看到了月亮上的高山、深谷，还有火山的裂痕。后来又开始观看太空，探索宇宙的奥秘。他发现，银河是由许多小星星会集而成的。他还发现，太阳里面有黑斑，这些黑斑的位置在不断地变化。因此他断定，太阳本身也在自转。伽利略埋头观察，以无可辩驳的事实，证明地球在围着太阳转，而太阳不过是一个普通的恒星，从而证明了哥白尼学说的正确。1610年，伽利略出版了著名的《星空使者》。人们佩服地说：“哥伦布发现了新大陆，伽利略发现了新宇宙。”

伽利略之所以能够成功，不仅在于他有伟大的思想，更在于他有伟大的行动。如果失去行动，就算他的想法多么正确，也难以被世人所接受。

当你还没有行动时，你也许会感到它是多么困难。可当你行动起来，你就会突然觉得原来也不过如此。行动是成功的基石，一旦去做，那么再大的困难也会克服，再大的障碍也会突破，如果只知道浮想联翩，那么就会一事无成。

东汉时，有一少年名叫陈蕃，自命不凡，一心只想干大事业。一天，其友薛勤来访，见他独居的院内杂乱不堪，便对他说："孺子何不洒扫以待宾客？"他答道："大丈夫处世，当扫天下，安事一屋？"薛勤当即反问道："一屋不扫，何以扫天下？"陈蕃无言以对。

陈蕃欲"扫天下"的胸怀固然不错，但错的是他没有意识到"扫天下"正是从"扫一屋"开始的，"扫天下"包含了"扫一屋"，而不"扫一屋"是断然不能实现"扫天下"的理想的。

怎样才能取得成功？

有人说，最重要的是想法，因为有很多成功人士都是由好的创意成就的。正所谓"成功始于想法"。但是，如果只有想法，没有行动，也是不可能成功的。

有人说，最重要的是要有理想，正所谓"心有多远，就能走多远"。因为理想可以指引我们行动的方向，可以不断激励我们前进。但是如果空有远大的理想，却将其束之高阁，不去努力，依然会毫无所获。

也有的人说，最重要的是方法，正所谓“工欲善其事，必先利其器”，好的方法可以起到事半功倍的效果。只要方法正确，效率就会提高。但是，有了正确的方法，却不去付诸实施，那么再好的方法也失去了它的意义。

所以，无论做什么事，最重要的都是行动！任何伟大的目标和伟大的计划，最终必然落实到行动上。如果我们对每一项应该做的事情都能付诸行动，并坚持不懈地做下去，就一定会成功。

想一想，有多少事因为我们没有马上行动反而置之脑后，最终没有完成。心动不如行动。要成功就要把希望放在明天，把计划放在今天，把行动放在现在。

狼道法则

狼是天生的行动者，而不是被动的幻想者。成功需要不断地思考，更需要持久的行动！正所谓“想到不如做到”，如果你的脑海中有无数个关于成功的设想，却从不付诸行动，那么设想再伟大你也注定要失败。要知道，思想只是起跑线，行动才能到达终点，只有行动，才能一步一个脚印走向成功，才能实现自己的理想，获得最好的结果！

第六章　以变制变，智慧生存：

狼族驾驭变化的战斗韬略

世界唯一不变的就是变化

熟悉狼的人会发现，狼群每一次的捕猎都不会是完全相同的，它们不会将一种战术策略用到底，在不同的情势下，狼群的战略也是变化多端的。

有这样一个历史故事：

战国时代，有施氏和孟氏两家邻居。施家有两个儿子，一个儿子学文，一个儿子学武。学文的儿子去游说鲁国的国君，阐明了以仁道治国的道理，鲁国国君重用了他。那个学武的儿子去了楚国，那时楚国正好与邻邦作战，楚王见他武艺高强，有勇有谋，就提升他为军官。施家因两个儿子显贵，满门荣耀。施氏的邻居孟氏也有两个儿子长大成人了。这两个儿子也是一个学文，一个学武。孟氏看见施氏的两个儿子都成才，就向施氏讨教，施氏向他说明了两个儿子的经历。孟氏记在心里。

孟氏回家以后，也向两个儿子传授机宜。于是，他那个学文的儿子就去了秦国，秦王当时正准备吞并各诸侯，对文道一点也听不进去，认为这是阻碍他的大业，就将这人砍掉了一只脚，逐出秦国。他学武的儿子到了赵国，赵国早已因为连年征战，民困国乏，厌烦了战争，这个儿子的尚武精神引起了赵王的厌烦，砍掉了他的一只胳膊，也逐出了赵国。

孟氏之子与邻居的儿子条件一样，却形成两种结果，这是为什么呢?

施氏后来听说了之后，说道：“大凡能把握时机的就能昌盛，而断送时机的就会灭亡。你的儿子们跟我的儿子们学问一样，但建立的功业却大不相同。原因是他们错过了时机，并非他们在方法上有何错误。况且天下的道理并非永远是对的，天下的事情也非永远是错的。以前所用，今天或许就会被抛弃；今天被抛弃的，也许以后还会派上用场，这种用与不用，并无绝对的客观标准。一个人必须能够见机行事，懂得权衡变化，因为处世并无固定法则，这些都取决于智慧。假如智慧不足，即使拥有孔丘那么渊博的学问、姜尚那么精湛的战术，也难免会遭遇挫折。”而孟家父子正是不懂变化之道而遭此惨祸的。

现实生活中，也有这样因时过境迁，自己却不能适应变化，重走老路，而导致自己生活不幸的情况发生。

遇到问题总会有解决的方法，一定会有其他的路可以走，关键是你能否稍加变通。

有一家大公司的董事长即将退休，他要物色一位才智过人的接班人。经过一段时间的观察后，他最后挑出了两位人选——约翰和吉米。

因他们都很精通骑术，老董事长便邀请二位候选人到他的农场做客。当他们到来时，老董事长牵着两匹同样好的马走了出来，说：“我要你们比赛骑马，胜利者将成为我的接班人。”他把白马交给了约翰，把黑马交给了吉米。二人接过马后，不约而同地打量着马的素质并在心中衡量自己的骑术。老董事长开口说：“这次比赛规则是比‘慢’而不是比

‘快’。”俩人一听愣了，半天没有反应过来。一会儿，约翰突然灵机一动，迅速跳上了吉米的黑马，然后快马加鞭地向前急驰而去，他自己的马却留在了原地。吉米感到约翰的举动很奇怪，当他终于想通了是怎么一回事时，已经太晚了。他的黑马遥遥领先，无论怎样追也追不上了。结果，吉米的马最先到达终点，他输了。“恭喜！恭喜!”老董事长高兴地对约翰说，“你可以想出有效的创新办法，能出奇制胜，这证明你有足够的才智来接替我的位置。我宣布，你就是下一任董事长了!”

而现代意义上的市场竞争已经不再是一个静态的竞争模式。竞争是动态的，你的对手在变，你的竞争优势也会因为市场变化而变化。对付变化的唯一办法就是：以变制变。

世间万物都在变，没有变化，就会落后，就无法生存。事变我变，人变我变，适者方可生存。成功离不开变通，变是成功人士的重要法则之一。

世界唯一不变的就是变化，我们应密切关注环境的变化，并让自己随环境的变化而变化。社会千变万化，竞争激烈。今天的社会要比以前复杂得多，而今天生存环境也比以前复杂得多。一个人要想在这种复杂的环境中生存，就必须适应这样的环境，既要有自己的原则立场，又要敢于变革、敢于创新，以适应新情况的出现，这样才能在竞争中立于不败之地。

杜邦公司是美国最著名的化工集团，该公司在19世纪只是个军火商。20世纪初，杜邦决定进军化工产品。当时美国的化学染料工业十分落后，这使一战中的美国严重依赖德国的进口产品。战后，美国决定对本国的化工业进行保护和扶植。杜邦公司看准了国内市场和国家政策，大力发展染料工业。因为有美国政府的保护，价廉物美的德国化工产品并不能冲击杜邦的产业。于是，杜邦的染料工业很快发展起来，几年后就可以跟德国抗衡了。

变化、革新有时候需要很大的勇气，有的人即使意识到了变革的必要性，也没有变革的勇气。因为变革一旦失败，他们将受到很大的伤害。但他们却没有看到问题的另外一面：如果不进行变革，他们同样会在未来遭受巨大的损失，而变革就有成功的可能，成功的变革将为他们的事业开创出一片崭新的领域。

要知道，世界唯一不变的就是变化。

狼道法则

变通，就是找对方法做对事。寻找巧妙方法将困难化解于无形，是每一个成功者的通用法则。狼在捕猎时有个与众不同的情势，最好的方法便是以变制变。生活也是如此，都要从变化的角度来考虑，每天依然按照过去的眼光、想法、办法来处理，就可能四处碰壁。所以，一定要面对现实，从变化的角度想问题、办事情。一个人必须见机行事，懂得权衡变化，天下没有永恒的法则。

敌变我变，在变通中克敌制胜

狼若发觉对方所处的形势较有利，便会立刻放弃跟前的猎物，转而寻找其他目标。当狼相中的猎物逃跑时，狼会随后紧追，若绝无追获可能，便会很快打消念头。

著名的狼学专家博比·卡耐特博士在他的专著《动物之王》中说："有时候，我会深深地感叹，狼在某些方面所具有的智慧，是人都不能与之相比的……狼群有自己的社会组织结构和组织纪律，狼群有自己的信仰，狼群有自己的生活准则和生活目标。为了自己的信仰，为了自己的生活准则和生活目标，它们愿意付出一切，甚至牺牲生命也在所不惜。但有时候，它们却会毫不犹豫地改变平时遵循的一些原则。对变与不变的把握，充分体现了狼族的生存智慧。要知道，这些智慧即使是人也很少能够完全掌握。"

应该说，狼比人类更深切地知道，世界上唯一不变的是"变"的道理。懦弱者为此惶恐，善变者为此欢欣——因为就在这变的瞬间，世界已然是它们的了。

有一则幽默故事：

一位老兄，昏睡多年，一觉醒来已是10年之后。他做的第一件事就是打电话给他的股票经纪人。经纪人告诉他：

"老弟，你的A股票已涨到500万美元，B股票涨到1000万美元。"

"我发财了！"这位老兄欢呼起来。

这时，电话接线员插话说："先生，3分钟已到，请付电话费100万美元。"

这个故事说明，一切都在变化，有时情况变化得令人不可思议，大大超出了人们的想象。

那么，我们怎样来应对周围发生的这一切变化呢？方法只有一个，就是变通。

两千多年前，老子就说过这样一句话："天下之至柔，驰骋天下之至坚。"什么意思呢？就是说天下最柔弱的东西，可以变通穿行于最坚硬的东西之中。为什么会如此呢？因为柔弱的东西会变通，它善于改变自己。

诸葛亮"七擒七纵"孟获，可以说是古今兵家敌变我变、克敌制胜最成功的范例。

一擒孟获，诸葛亮本是乘胜之师，但他却让王平打前站，故意装作不是对手，引孟获进入伏击圈，然后大军裹挟。最后又用大将赵云与魏延在峡谷中前后堵截，使孟获插翅难逃，束手就擒。

二擒孟获采用的则是套用反间计的借刀杀人之计。孟获被捉一次，变得谨慎，退到泸水以南，以泸水为屏障，准备持久坚守。诸葛亮派马岱出战，激发对方上次被俘放归将领的感恩之心，使得孟获与他们发生冲突。堡垒从内部攻破，孟获手下的将领毫不客气地将孟获绑赴蜀营。

二次被擒，仍被放回。这一回诸葛亮故意让孟获了解蜀军的粮草、军情。孟获回去之后气急败坏，急于报仇雪恨，又自以为对蜀军情况成竹在胸，便以送礼谢恩名义前来劫营，可诸葛亮早已摸透孟获的心思。孟获又一次自投罗网——三次被擒。

第四次是把好斗的孟获引入陷阱。

第五次，诸葛亮采取统战之计，让孟获原来的盟友擒住孟获。

孟获被释放以后，逃回自己部落，重整旗鼓，又一次进攻蜀军。但是他本是一个有勇无谋的人，哪里是诸葛亮的对手？又被活捉了。像这样又放又捉，一直把孟获捉了七次，最后终于降服了孟获。

七擒孟获，每次用的方法与计谋都不相同，这才是“敌变我变”的高超境界。针对孟获心理与战术的变化，诸葛亮对症下药，使孟获完全在他的掌握之中。

人们常常说，计划赶不上变化。的确如此，世界在不停地变化，社会在不停地变化，我们自己也在不停地变化。“人事有代谢，往来成古今。”今天我们每个人只要回想一下10年前的自己，就不由得会感慨万千。面对世界如此巨大的变化，我们的计划能赶得上吗？难道我们真的可以像能掐会算的诸葛亮一样，把一切变化都计划在内吗？不，绝对不可能。

在现代生活中，形势的变化相当复杂。想要做到积极应变，除了顺应时代的潮流之外，还应当根据对手情况的变化而变化，也就是说“敌变我变”。

“敌变我变”是我们适应形势发展，不断调整自己思想与行为的基本策略。所谓“敌”不一定就是敌人，而是泛指对手、环境等，比如对于个人生存的环境，对于生意人的行情，对于企业、厂家的同行，等等。因为大家都在求生存、求发展，都在想新招、出新点子。

狼道法则

时移则势易，势易则情变，情变则法不同，顺理成章。除了顺应时代的潮流之外，还应当根据对手情况的变化而变化，也就是说“敌变我变”。

柔性生存：在变化中粉碎困难

当驯鹿的数量减少时，狼就会转移捕杀目标或领域，尽量减少对驯鹿的捕杀。 因为它们知道，在驯鹿数量急剧减少的情况下继续捕杀驯鹿，就很容易造成驯鹿的灭绝，以后它们就再也不能捕食到驯鹿了。

由于某些不确定的因素，自然界的某一物种会突然减少，这些因素也包括过度捕杀。 驯鹿是狼群非常喜欢的食物，捕猎起来也比较容易，所以驯鹿经常是狼的“盘中餐”。 但问题出现了，由于狼的过度捕杀，驯鹿的数量一天比一天少。

狼群对捕食对象的选择体现了它们灵活变化的智慧，狼的生存谋略告诉我们，事物在发展变化的过程中总会涌现大量的问题，而我们一定要学会如何在变化中粉碎困难。

提到克莱斯勒公司，人们头脑中闪现的就是克莱斯勒的强大。然而，李·艾柯卡 1979 年到克莱斯勒汽车公司任 CEO 时，接手的却是一个债台高筑的烂摊子。万般无奈之下，艾柯卡只好求助于政府，希望能够得到美国政府的担保，以便从银行获得 10 亿美元贷款，用于克莱斯勒公司发展新型轿车。

这一消息传出后，在整个美国引起了轩然大波，惹出了一片斥责之声。

原来，在美国企业界有一个不成文的规矩：依靠外部力量，尤其是依靠政府的帮助来发展经济的做法，是不合乎自由竞争原则的。

面对企业界、美国政府、国会和舆论界的一片斥责反对声，艾柯卡并没有气馁，他坚信规则是死的，而人是活的，没有什么规则是不能打破的。他不急不躁，冷静地分析了当时的形势，采取了“分兵合进、各个击破”的战术，耐心扫除公共关系上的重重障碍。

首先，他援引了美国人所共知的史实，有根有据地向企业界说明：过去，洛克菲勒公司、全美五大钢铁公司和华盛顿地铁公司都曾先后取得过政府担保的银行贷款，总额高达4097亿美元。而克莱斯勒公司请政府出面担保仅10亿美元贷款的申请，却遭到非议，道理何在？

对政府，艾柯卡则不卑不亢，提出了言辞温和而骨子里却很强硬的警告。他先是替政府热心地算了一笔账：如果克莱斯勒公司现在破产，那么，将有60万工人失业。仅破产的第一年，政府就必须为此支付27亿美元的失业保险金和其他社会福利开销。然后，他彬彬有礼地向当时正为财政出现巨额赤字的美国政府发问：“您是愿意白白地支付27亿美元呢，还是愿意仅仅出面担个保，帮助克莱斯勒公司向银行借10亿美元的贷款？”

对国会议员们，艾柯卡的工作更是做得滴水不漏。他为每个国会议员开出一张详细的清单，上面列有该议员所在选区内所有同克莱斯勒公司有经济往来的代销商、供应商的名字，并附有一份如果克莱斯勒公司倒闭将在其选区内产生什么经济后果的分析报告。这样做的实质，是在暗示这些国会议员：如果是你投票反对政府为克莱斯勒公司担保贷款，那么，你所在选区内就将有若干与克莱斯勒公司有业务关系的选民因此而丢掉工作，而这些失业的选民对剥夺他们工作机会的国会议员必然反感。试问：你的议员席位还会稳固吗？

接着，艾柯卡又向舆论界大声疾呼：挽救克莱斯勒公司，正是维护美国的自由企业制度，保护市场竞争。北美只有三家大汽车公司，一旦克莱斯勒公司破产垮台，整个北美市场就将被通用和福特两家公司瓜分垄断。这样一来，美国引以为自豪的自由竞争精神岂不就荡然无存了吗？

艾柯卡这种“分兵合进、各个击破”的变通战术，最终收到了奇效：企业界反对派偃旗息鼓；国会那些原先曾激烈反对政府担保的议员也销声匿迹；舆论界也开始转变态度，从反对变为了同情，进而支持克莱斯勒公司申请政府担保。艾柯卡不动声色地化干戈为玉帛，争取到了社会上各个方面对他的支持，终于将他所需要的10亿美元贷款顺利拿到手。

靠着这笔来之不易的贷款，克莱斯勒公司一举开发出了数款新型轿车。

克服工作中的种种困难，首先就不要用“心灵之套”把自己套住，只要有了“变”的理念，就一定能够找到“变”的方法。

在遇到困难的时候，我们需要做的就是及时换个思路，多尝试几种方法，具有变负为正的勇气与气魄，和改变“不可能”的智慧与方法，相信困难只能成为你的一块磨砺石，而绝非挡路石。

狼道法则

学会变通地去应对工作中的困难，在变化中粉碎困难，我们定能做到无往不利。

逆风行走，要有颠覆性的思考

狼知道在它们的生存环境中充满各种艰难险阻，要想生存，就要多用心思、多思考，找到一个与众不同的思路，这样才能够打开局面，获得生存的机会。

在草原上，狼虽然能够相对准确地预测天气的变化，但是，有道是“天有不测风云”，狼也会遇到暴风雪。当狼群遇到暴风雪时，狼的选择可以说是出人意料，它们不会选择背风的地方，而是迎着风冲上去。虽然迎风冲上去寒冷异常，但这样就不会被雪埋葬。

反其道而行，比如走进某些禁区，这时我们或许就能打破条条框框的束缚，成为勇为天下先的开拓者、发展者和领导者。

在现实生活中，我们同样会遇到形形色色的问题，而当我们长期处于某个环境、多次重复某一活动或反复思考同类问题时，头脑中会形成一种思维习惯，这就是我们所说的思维定式，下次再碰到同类问题时，思维活动便会自然而然地受这种思维定式的支配。

思维定式对我们平时思考问题显然有很多好处，它能使我们在处理同类或相似问题时省去许多摸索、试探的思考步骤，不走或少走弯路，做到举一反三、触类旁通，从而大大缩短思考时间，提高办事效率。正是因为有了思维定式，大脑才能驾轻就熟，在谈笑间将它们处理得井井有条。但是，这样的思维定式往往会起一种妨碍和束缚的作用，它会使人陷在旧的思维模式的无形框框中，难以进行新的探索和尝试，因此，我们应当有敢于打破常规的想法，摆脱束缚思维的固有模式，做一只逆风行走的狼。

传媒行业的老大、分众传媒的领导人——江南春，就是一只敢于逆风行走的“狼”。

有一天，江南春外出办事等电梯的时候，听到有人抱怨电梯很慢，等电梯的时间很无聊。这一句话马上点醒了江南春：“如果有电视，人们在等电梯的时候就不会感到无聊了，效果也会比招贴画好很多。”接下来他又想，“我在电视上播广告怎么样？如果有比看广告还无聊的时间，我想大多数人还是会关注广告的。”

发现了空白，就必须马上填补空白。江南春开始实施他的蓝海计划。2002 年 6—12 月，江南春说服了第一批 40 栋高档写字楼。2003 年 1 月，江南春的 300 台液晶显示屏装进了上海 50 栋写字楼的电梯旁。2003 年 5 月，江南春正式注册成立分众传媒（中国）控股有限公司，并担任董事局主席和首席执行官。此时的江南春决定绕开竞争惨烈的传统媒体，走“分众”之路，专攻楼宇液晶媒体。

短短 19 个月时间，江南春领导的分众传媒利用数字多媒体技术所建造的商业楼宇联播网就从上海发展至全国 37 个城市；网络覆盖面从最初的 50 多栋楼宇发展到 6800 多栋楼宇；液晶信息终端从 300 多个发展至 1.2 万多个；拥有 75% 以上的市场占有率。

2005 年 7 月，分众在纳斯达克上市，股价全线飘红，市值高达 8 亿多美元，拥有 30% 多股权的江南春，身家暴涨到 2.72 亿美元，约合人民币 20 多亿，一夜之间，江南春成了人们眼中的造富英雄。

随后，江南春得到软银等风险投资商的注资，他带领分众传媒展开了大规模的收购行动。2005 年底收购框架媒介，2006 年初合并聚众传媒，之后收购凯威点告，2007 年 3 月收购好耶网络广告公司。仅仅用了 4 年时间，分众传媒就快速成长为行业内的领导者。

从传统的广告代理到发现分众传媒的“大蛋糕”，江南春是怎样做到的呢？ 这在一定程度上得益于他独特的思维方式和敢于“逆风行走”的勇气，他坚信“发掘别人没发现的产业模式才能挣大钱”“要有颠覆性的思考……打破原来的逻辑”。

在当今市场环境瞬息万变的环境下，江南春善于变通，勇于突破常规思路，发现市场空白，运用蓝海思维，发现蓝海商机，创造了一个新的广告市场。

可见，变通能够让员工、企业的思维灵活起来，从而产生超常的构思，提出不同凡俗的新思想、新观点。

狼道法则

向狼学习，打破常规，学会变通，勇于做一些别人没想到或不敢做的事情，比如反其道而行，比如走进某些禁区……

以智赢得生存，以谋主宰命运

有专家称，狼是最具有智慧和策略性的“思想者”。狼的攻击，正应了“文武之道，一张一弛”，既善于急攻，又深谙偷袭迂回之道。

如果在荒野上有两只毛茸茸的手从背后搭在你肩上，请千万别回头，否则，咽喉便会和狼嘴做“深深一吻”，狼之狡猾，从中可见一斑。

> 有报道称，一支中国的边防小分队在荒野中与狼群遭遇，狼的疯狂进攻持续了两三个小时，迫使手持武器的人们退入一间废弃的小木屋里，这时候，狼群突然停止了进攻，那只运筹帷幄的头狼居然和部下躺在木屋前假寐起来，人们不禁长嘘了一口气，心想狼也有累了的时候，于是一个个瘫倒在地，抓紧时间休息。没想到，这时背后赫然传来阵阵牙齿啃咬木板的声音！原来，头狼居然派出了一支小分队，迂回到木屋后门，正使劲啃门呢！

今天，我们有幸揭开狼身上的谜团，并以此改变人们对这种美丽而神秘生物的恐惧。我们开始试着以美洲土著居民的眼光重新审视狼群，如同土著居民般尊敬它们的勇气、智慧与不可思议的狩猎技巧。土著居民常常把狼视为英雄，用身披狼皮的方式，祈祷狼神附身，以继承狼的伟大智慧与能力。但，我们并不需要以身披兽皮的方式学到狼的智慧，只需要借着狼群的生活百态引导，就可以轻松地学到这些智慧。

职场中，一个人并非靠尔虞我诈就能成功，关键在于你的智慧。做人同样，聪慧的人永远是赢家。

越战期间，美国好莱坞举行过一次募捐晚会，由于当时的反战情绪比较强烈，募捐晚会以一美元的收获而收场，创下好莱坞的一个吉尼斯纪录。不过，在这次晚会上，一个叫卡塞尔的小伙子却一举成名，他是苏富比拍卖行的拍卖师，那一美元是他用智慧募集到的。

当时他让大家在晚会上选一位最漂亮的姑娘，然后由他来拍卖这位姑娘的一个吻，最后他募集到了难得的一美元。当好莱坞把这一美元寄往越南前线的时候，美国的各大报纸都进行了报道。

人们看到这一消息，无不惊叹于卡塞尔对战争的嘲讽。然而德国的某一猎头公司却发现了这位天才，他们认为卡塞尔是棵摇钱树，谁能运用他的头脑，必将财源滚滚。于是，这家公司建议日渐破落的奥格斯堡啤酒厂重金聘他为顾问。

1972 年，卡塞尔移居德国，受聘于奥格斯堡啤酒厂。他果然在那里成功地开发了美容啤酒和浴用啤酒，从而使奥格斯堡啤酒厂一夜之间成为全世界销量最大的啤酒厂。

1990 年，卡塞尔以德国政府顾问的身份主持拆除柏林墙，这一次，他使柏林墙的每一块砖都以收藏品的形式进入了世界上两百多万个家庭和公司，创造了城墙砖售价的世界之最。

1998 年，卡塞尔返回美国，他下飞机的时候，美国赌城——拉斯维加斯正上演一出拳击喜剧，泰森咬掉了霍利菲尔德的半只耳朵。出人意料的是，第二天，欧洲和美国的许多超市竟然出现了“霍氏耳朵”巧克力，其生产厂家是卡塞尔所属的特尔尼公司。这一次，卡塞尔虽因霍利菲尔德的起诉输掉了盈利额的80%，然而，他天才的商业洞察力却给他赢来年薪3000万美元的身价。

新世纪到来的那一天，卡塞尔应休斯敦大学校长曼海姆的邀请，回母校做创业方面的演讲。在这次演讲会上，一个学生当众向他提了这么一个问题：卡塞尔先生，您能在我单腿站立的时间里，把您创业的精髓告诉我吗？那位学生正准备抬起一只脚时，卡塞尔就已答复完毕：生意场上，无论买卖大小，出卖的都是智慧。

这次，他赢得的不仅是掌声，还有一个荣誉博士的头衔。

对每一个人而言，野狼会是一个很吸引人的主题。通过了解野狼的生活，学习狼群的智慧，我们也就能够更加了解自己与这个世界，更好地把狼群智慧运用到职场以及人生的旅途当中去。

人类远比狼凶残，但却远不如狼聪明。大自然让狼进化得无比狡猾，人类更让狼学会了：只有以智才能赢得生存的权利，只有以谋才能主宰自己的命运。由狼推及人，成功如此，人生亦如此。

狼道法则

一个缺智少谋的人生，缺少光彩，极易失败，这样的人活得就远不如狼。人生一世，唯智可以善终。

第七章　危机生存，掌控环境：狼族生生不息的生存智慧

时刻警惕：树立危机意识

在生存意识的认知上，狼比人要强烈得多，因为它们面临的危机比人类要严重得多。

在阴森茂密的草原深处，生存着各种各样的野生动物——猛虎、雄狮、猎豹、大象、恶狼、狐狸、兔子……它们为了生存而弱肉强食，演绎着优胜劣汰的法则，延续着大自然的平衡。同样的，在竞争激烈的职场，也潜伏着各种危机，每个人为了自己的利益殚精竭虑，不择手段。

缺乏危机感的动物在猛兽的利爪下瞬间被撕碎，而只有危机意识强烈的动物才能“适者生存”。职场也一样，危机意识越薄弱的人，其变革进取的意愿就越小，创新的动力就越弱，也就越容易在竞争的洪流中遭受挫败。

单从狼捕获食物的艰难程度来说，就值得我们感叹。无论是在草原、森林，还是在雪原，狼要获得食物都要经过艰苦的努力，甚至要付出生命的代价。狼知道食物的宝贵，夺走它们的食物，就是夺走它们的生命。它们保卫自己的食物就是在保卫自己的生命。

狼经常用伏击战来屠杀羊群，它们深谙此道。而狼群有时候也会成为猎人或者其他大型食肉动物的猎取目标。所以，狼也经常会遭遇这种伏击战术，狼如果没有高度的危机意识，就很容易成为敌人的食物或者死在猎人的枪下。在草原上，牧民们会在一些牲畜的尸体旁边挖一些陷阱，在里面布置狼夹。狼一旦掉进陷阱里，就会被夹断四肢甚至腰部，根本没有逃脱的机会。虽然，食物的诱惑让它们不可抗拒，但它们会保持足够的警惕性。在离牧民居住地较近的地方，它们都会格外小心，用嘴叼一些物体扔到牲畜尸体周围，看看有没有陷阱。等探明没有危险之后，它们才放心地走过去，但也并不是立刻就去撕咬食物，而是用它们嗅觉灵敏的鼻子去闻闻尸体。如果有异常的味道，它们也不会去吃，因为那有可能是牧民们在牲畜的尸体上撒了毒药。

在狼的眼里，处处充满了危机，任何疏忽大意都可能会葬送自己。职场中人也是如此，在危机四伏的职场，充足的危机意识才是生存的根本。

狼就是一种危机感很强的动物，它们时刻警惕着四周，一有风吹草动，就马上采取行动。能生存八九年的老狼，都经历了太多的生存与死亡的战斗，它们都是用勇猛把自己从死亡边缘拉了回来。敌人在它们身上留下了太多的伤痕，而这些伤痕也见证了它们顽强的生命力。因自然衰老而死亡的狼在狼群中所占的比例极其微小，大约只有1%～1.5%。从这个数字，我们就可以想象狼群的生存环境是多么恶劣。所以狼必须时刻保持高度的警惕性，因为危险时刻围绕在它们身边。只要稍微放松，就有可能被猎人打死或者被其他食肉动物吃掉。

有这么一个寓言故事：

从前，恐龙和蜥蜴共同生活在一个古老的地球上。

一天，蜥蜴对恐龙说："天上有颗星星越来越大，很有可能要撞到我们。"恐龙却不以为意，对蜥蜴说："该来的终究会来，难道你认为凭咱们的力量可以把这颗星星推开吗?”

一天，那颗越来越大的行星终于撞到地球上，引起了强烈的地震和火山喷发，恐龙们四处奔逃，但很快在灾难中死去。而那些蜥蜴，则钻进了自己早已挖掘好的洞穴里，躲过了灾难。

蜥蜴的聪明之处，在于它拥有强烈的危机感。它知道自己没有力量阻止灾难的发生，但却有力量去挖洞来给自己准备一个避难所。

这虽然只是一个寓言，但却给每一个职场人士都带来了很好的警示和启迪：故事中的灾难也许会在我们身边发生，假如我们拥有足够的危机意识，往往可以化险为夷。职场中，很多人都听说过这样的话，“今天工作不努力，明天努力找工作”“脑袋决定钱袋，不换脑袋就换人”。如果我们自满自得、不思进取，不提前为自己的未来做好各种准备，那么，正如故事中的恐龙一样，被淘汰的命运很快就会降临到我们的身上——如果你不主动淘汰自己，最后结果就只能是被别人所淘汰。

同样来讲，作为企业的一名员工也必须意识到危机的存在。企业的员工是企业的一分子，企业和员工是“一荣俱荣，一损俱损”的关系，皮之不存，毛将焉附?

狼道法则

每个员工都必须保持高度的危机意识，关心企业的发展和改革，以随时应对突如其来的变化。

适应环境：改变是为了更好地生存

狼族知道自己没有改变环境的能力，甚至连选择环境的权利都没有，它们坚定地奉行“随遇而安”的哲学，永远适应残酷变化的生存环境。

在严峻的生存环境中，狼适应环境变化的能力是世界上各种动物中最出色的。譬如在北极，严寒的冬季里，在肆虐的暴风雪中，狼都能在露天里蜷缩成一团，用尾巴遮住面部安详地睡觉。

在日常生活中，狼的生活极有规律。北极狼每到凌晨 2 时许，都由“首领之妻”用嚎叫发出“起床”令。而其他的狼被唤醒后，则会低声回叫，相继站立起来，摇着尾巴，按长幼尊卑的顺序彼此亲吻互道“早安”。然后，首领率众狼出去狩猎。狼之所以如此遵守纪律，实际上是为了适应北极恶劣的环境。

狼性的机警、多疑和残忍，使它在各种恶劣的环境和条件下，总是能捕猎到食物，表现出极强的生命力和适应力。狼从不因富地而留置，也不因贫地而弃置。

狼族适应了地球上几乎所有的自然环境，也适应了人类的陷阱、毒药和子弹，它们是恶劣环境里的生存高手。

狼族是一个非常聪明的种群，它们能认清自己所处的生存环境，在环境有利于自身生存发展的情况下，能够居安思危，积极进取，以防止被安逸的生活消磨斗志；在环境不利于生存发展的情况下，善于把当前的具体情况与自身实际相结合，迅速适应和改变它，使自己适应生存与发展的需要。

随着地球的演化，特别是人类对于动植物资源的过度索取和对自然环境的破坏，极大地改变了狼的生存环境和猎物对象。但不管是树林中的狍子、草原上的黄羊，还是凶猛的野牛、庞大的驼鹿，狼都能耐心地去寻找它们的弱点，最终捕获到所需的猎物。

在草原上，狼之所以成为茫茫荒原的主人，一个重要的原因是，草原狼积极适应环境，培养了自己长途奔袭的能力。在辽阔的大草原上，无论是猎者，还是被猎者，如果没有超强的奔跑能力，要在草原上生存都是十分困难的事情。草原狼正是在适应环境的过程中具备了这种能力，才大大提高了自己的战斗力，成为草原上最强大的力量，甚至可以将虎、豹、熊等个体更大的猛兽逐出草原。

狼的生存法则与人类相似，要想生存，就必须首先适应生存环境。如果生存环境很恶劣，只有不断地适应、改变环境，才能在越来越恶劣的生存环境下，得以繁衍。

狼，凶猛无比，是陆地上最高的生物链终结者之一，它历来为人类所不齿，成为心地狡诈、手段残忍的代名词。然而，这实际上说明我们对狼是多么不了解。

其实，狼具有超凡的生存智慧。它生存环境极其残酷，正是如此，造就了它的残忍与凶猛——否则，它就会像羊一样成为猛兽的美味。或者说，狼是自然界物竞天择留存下来的最善于生存的犬科动物。

狼在自然界中认清并适应自己的生存环境而得以生存下来，那么生活中，人类的强者也只有正确认识自己的生存环境，才能找到自己的生存法则。

在一次记者招待会上，一名记者问美国副总统威尔逊贫穷是什么滋味时，这位副总统向我们讲述了一段他自己的故事：

我在10岁时就离开了家，当了11年的学徒工，每年可以接受一个月的学校教育，最后，在11年的艰辛工作之后，我得到了1头牛和6只绵羊作为报酬。我把它们换成了84美元。从出生一直到21岁那年为止，我从来没有在娱乐上花过1美元，每个美分都是经过精心算计的。我完全知道拖着疲惫的脚步在漫无尽头的盘山路上行走是什么样的痛苦感觉，我不得不请求我的同伴们丢下我先走……在我21岁生日之后的第一个月，我带着一队人马进入了人迹罕至的大森林里，去采伐那里的大圆木。每天，我都是在天际的第一抹曙光出现之前起床，然后就一直辛勤地工作到天黑后星星探出头来为止。在一个月夜以继日的辛劳努力之后，我获得了6美元作为报酬，当时在我看来这可真是一个大数目啊！每个美元在我眼里都跟今天晚上那又大又圆、银光四溢的月亮一样。

在这样的穷困中，威尔逊先生努力适应环境，改变自己，不让任何一个发展自我、提升自我的机会溜走。很少有人能像他一样深刻地理解闲暇时光的价值。在他21岁之前，已经设法读了1000本好书——对一个农场里的孩子，这是多么艰巨的任务啊！

贫穷困苦的环境并不能磨灭一个人奋发求知的信念，利用自己手中所有的资源，不放弃任何一次积累，终将有一天，你会通过自身的不懈努力挣脱环境的枷锁，成为主宰环境乃至人生的强者。

顺利的环境固然好，它可以助你毫不费力地到达自己理想的彼岸，但如果一个人处于不利于发展的环境中怎么办？只有秉着信念之灯，运用智慧去努力适应环境并改变环境，从而最终到达阳光地带。

有时环境的发展，与我们的事业目标、欲望、兴趣、爱好等发展是不合拍的，环境有时阻碍、限制我们欲望和能力的发展。这个时候，如果我们有办法来改变环境，使之适合我们能力和欲望的发展需要，则是最难能可贵的。

一般来说，一个人只能适应环境、顺应环境，但是，在一定情况下，环境也是可以改变的。当然，改变环境需要许多条件，但最重要的是你的信念与智慧，这二者其实是相辅相成的，有了改变环境的决心，肯定能够想出改变的好办法。

狼道法则

既然环境可以改变，机会也就可以创造。每个人都可以如威尔逊总统一样，根据自己所处的环境特点，来寻求发展自己的机会。

支配环境，不接受命运的摆布

狼群中有最上层的阿尔法狼与最底层的奥美佳狼，后者通常是雄狼，而且经常是族群中个子最小的、经常被高级别的同族所虐待的这些年轻的成员，在任何方面都被放在最后一个，特别是吃东西的时候。

一个奇怪的现象常出现在这个行为上，当末端的狼存活时，它们会变成非常严苛的生物，它们开始给予得非常少，就如同它们得到的一样。在一段时间之后，末端的狼总是在结束冒险并证明自己的生存能力之后，就会成为众所周知的“孤独之狼”，这些“孤独之狼”最终都会参与其他族群，开始经营它们自己的族群。

在狼族中，这只最为弱小、地位最低的狼总是被置于最后的位置，如果它能够存活下来，往往能成为一只优秀的狼，它最终成为头狼的概率也比较大。

因为这种顽强的生存环境使它经历了更大的磨砺，使它积累了更为完善的生存技能。人也是一样，不能甘做境遇的牺牲品，而要顽强地生存下去，成为驾驭环境的强者。

达尔文曾说过：“能够生存下来的并不是那些最强壮的，也不是那些最聪明的，而是那些对变化做出快速反应的。”决定一个人的生活境况的因素，始终脱离不了适者生存、不适者淘汰的原则。

的确，物竞天择，适者生存，只有驾驭环境，跟上时代的潮流，才不会被时代所淘汰。正是在不断的适应中，我们咀嚼了酸甜苦辣，遍尝了人间百味，饱览了人生风景，体验了成功喜悦，从而充实了人生的内涵，丰富了生命的色彩。

富兰克林说："听凭环境的控制，屈从于命运的支配，只是禽兽草木而已。"王尔德说："我们不可受环境的支配，应该去支配环境；不可接受命运的局限，应该去创造命运。"可以说，时运、气数、环境、命运只拘得住凡夫俗子，却拘不住强者。所以，我们应学习狼的精神，在优胜劣汰的大自然里得以长存。

在西班牙山地，生活着一种特殊的岩羊。所谓岩羊，是指长期生活在岩石地带的羊。岩羊身体灵活，长于攀登，不易被捕食。山地狼三天两头饿得饥肠辘辘，一副无精打采的样子。但它们很快意识到了生存危机正在逼近，为了捕到猎物，狼下苦功练习攀登，终于能在岩石丛中穿梭自如，捕捉岩羊手到擒来。此后，狼族便把捕捉岩羊的本领世代相传，改变了岩石丛妨碍它们捕食的状况，成为驾驭命运的强者。

从狼身上，我们可以得到这样的启发：在日新月异的时代，只有学会改变自己，放开眼光与胸襟，才能够驾驭不断变换的社会环境，才能在激烈的社会竞争中立于不败之地。

现代社会是竞争的社会，人人都眼盯着机遇，要获得机遇的光顾也是很困难的。所以，在很多情况下，我们必须创造机遇，改变不利于自己发展的环境，成为驾驭环境的能手。

以下是几条在善变的环境里生存的必备法则：

1．抛弃原有旧包袱

如果过去那一套已经行不通了，就快点丢掉吧！到新世界中去寻找你的春天。想象新的人生对你的好处：你的行为、技能将因此增进，你会更有竞争力，人际关系也会变得更好。

2．采取行动

与其认为“这件事竟然发生在我身上”，不如换个想法：“这是一个可以尝试新事物的大好机会。”即使新的方法行不通，也可再试试别的。尽量尝试所有可能的方法，总会找到解决问题的办法。

3．懂得应变

不要墨守成规，但也不要沉溺于行不通的新方法中。不断地实践，然后从错误中学习。今日的失败，往往是明日成功的契机。

4．不要轻易放弃

一时的停滞不前并不是失败，只是暂时休息、放慢脚步而已。要把它们视为另一阶段的开始，而非结束。

5．保持开放的胸襟

我们不需要将所有新的事物照单全收，但也别因为新事物与众不同，就加以拒绝。不要先给新事物任何价值判断，试试看再决定。

6．要有耐心

给新事物暖身、生效的机会。研究表明，要打破旧习惯，并养成新习惯，平均需要三个星期的时间。

7. 积极寻求协助

因为你对新事物不熟悉，可能无法在书上找到需要的资讯，所以，开口问人吧！就算找不到预期的解答，也可从中获得新的思考点，或许还可因此找到你所要的解决方案。

8. 强调正面、积极的态度

如果连负面思考都能带来自我实现的鼓舞，那么正面思考就更能发挥这样的功能。了解自己的优点，改善缺点，并奖励自己的成就。

狼道法则

我们随时都会面对各种变故，或遭遇失败挫折，或碰到厄运灾祸。但是，当这些不如意之事意外来临时，我们要想改变逆境，面对的首要问题便是学会驾驭命运。

顽强勇敢，把能力发挥到极致

动物园里的狼，其寿命通常都会超过 15 年。但是在野外，有的狼最多能够存活 13 年，绝大部分狼只有 9 年左右的寿命。显而易见，野狼的一生是充满艰辛的，狼群在野外的生活肯定是万分艰辛，并且处处充满凶险。

在狼的世界里，适者生存的大自然法则持续运行着，如同最虚弱的美洲驯鹿会被狼所捕获一样，最虚弱的狼也会消失。狼的生存主要是依托在战胜对手、吃掉对手的方式上，否则就会被饿死。但捕猎是危险的，狼在捕获猎物的时候，常常会遇到猎物的拼死抵抗，一些大型猎物有时还会伤及狼的生命。研究表明，狼捕猎的成功率只有 7％～10％。

一旦捕猎成功，狼还必须警惕其他想不劳而获的动物的袭击。这些动物还经常袭击、捕杀狼的幼崽，狼必须时刻警惕来自不同方面的侵袭。最后，狼还必须与人类抗争，人类无疑是狼繁衍生存的最大威胁。

正是在这种险恶的环境中，狼变得血性残暴。唯有如此，它们才能战胜对手，成为陆地上食物链的最高环节之一。

下面让我们再来看一幅让人惊心动魄的场面，这是马尔科夫向我们讲述的一个故事。

在一个寒冷的冬天，马尔科夫在打猎时，遇到了一只狼，这只狼将近两米长，非常健壮。可惜马尔科夫的猎枪没有瞄准，只打到了狼的右后腿，但狼还是瘸着这条腿逃跑了。于是，马尔科夫骑上马去追赶这只受伤的狼。跑了一段时间，受伤的腿成了狼前进的阻碍，狼拼命地向前跃了几下，和马尔科夫的距离拉大了些。狼利用了这个机会，回过头去撕咬自己受伤的右后腿，几下就把那条腿咬断了。马尔科夫清楚地看见了所发生的一切。他当时完全被吓傻了，他的马也一动不动，静静地看着狼，看着它拖着血迹逃跑了。

可以说，狼强烈的血性精神保证了它们在如此残酷的自然环境中生存，也可以说，这样的自然环境培养了狼的血性气概，使它们具有更强大的适应能力。也许是两者兼而有之，形成了良性的循环。

狼如此，人也一样，在必要的时候，我们需要激发身上那股血性精神，为了生命，为了价值，勇猛地生存下去。

1950 年 12 月的一个雪夜，在朝鲜长津湖以南某高地死一般的沉寂里，一位英勇的战士苏醒过来了。他是被手榴弹炸伤的，弹片从左脸切入，从左眼穿出。在昏死过去的时候，又被冲上高地的美国兵刺破腹部，肠子流出体外。苏醒后，他唯一的念头是不能当俘虏。他爬到北面的崖沿，跌下去，顺坡滚下去几十米，又昏死过去。醒了，再把头拱进雪里，大口大口地啃雪，肚子不再火烧火燎。单薄的军裤被撕裂至膝盖，鞋与脚冻在一起。彻骨的严寒麻木了伤痛。他时昏时醒，当爬到一条河边时，他再也爬不动了。

不知过了多久，两个侦察兵发现了他。他俩凿冰取水，替这名战士洗掉沾到肠子上的东西，把肠子塞回腹中，做了简单的包扎处理，然后把他背到一个可能获救的地方，留下一点炒面和一件军大衣，走了。一天两夜之后，朝鲜老乡发现了他，把他背回家中，放在热炕上。一冻一化，他的手和脚算是废了。十几天之后，他被送进长春军医大学医院。在长达93天的昏迷中，他接受了47次手术，双手双脚被截掉。然而，他奇迹般地活了下来。

这个人的名字叫——朱彦夫，山东沂源县张家泉村人。接下来的日子里，他又经历了很多的磨难、绝望与希望、轻生与求生、颓废与崛起。

1958年，朱彦夫已能生活自理，而且结了婚，有了一个可爱的女儿。一家人生活得很快乐，但他不想碌碌无为地过一辈子，于是他用自己的伤残补贴买回了上百册书，办了个家庭图书室。他的家一天比一天热闹，不久，他被选为张家泉村支部书记。

走马上任后，他干了几件大事：一是治山造林，发展果树，建成了桑园、胡椒园、苹果园；二是修田造地；三是修渠引水；四是架电线。任职25年，始终兢兢业业，勤勤恳恳，克服了一切正常人难以克服的困难，带领张家泉村的村民走上了致富的道路。

退职后，没上过一天学的他又冒出了写书的想法，想把自己40年来的经历都写出来。他整天把自己关在房间里，一写就是7年。起初，他用嘴咬着笔写，由于眼睛距离纸太近，时间不长就头晕。后来他尝试用断臂写字，开始时写出的字大如拳头，渐渐地小如铜钱，最后才缩进小格子里，那是一个漫长而艰难的过程。

1996年，他的著作《血蚯》大功告成。8月，《血蚯》更名为《极限人生》出版，一时间受到广大读者的热烈欢迎。这本书记录了一个从血与火、生与死的考验中走过来的生命历程，记录了一个特等伤残军人走向自立、自强的奋斗历程。这是一个没有手、没有脚、没有上过一天学的人自己写的传记。

无论是狼还是人，当生命受到威胁时，我们都应该为拯救自己的生命而努力！故事中的朱彦夫正是这样，他拥有狼一般的血性精神，强大的求生本能使他忍受着常人难以想象的痛苦与折磨，奇迹般地存活了下来，并在以后的人生道路上发挥了自己的生命价值，给身边的人们以极大的影响。

职场中的我们并不一定会遭受如此血腥的生命威胁，但工作中的种种困难与波折或许正像子弹一样危及我们的前程。我们应该像狼一样，把自己的能力发挥得淋漓尽致，从而能和狼一样成功地生存、发展。

狼道法则

为了职业生命，调动自己身上一切可以调动的积极因素，把自己的能力发挥得淋漓尽致。

控制自身的数量，提高自身竞争力

在阴森茂密的草原深处，生存着各种各样的野生动物——猛虎、雄狮、猎豹、大象、恶狼、狐狸、兔子……它们为了生存而弱肉强食，演绎着优胜劣汰的法则，延续着大自然的平衡。狼为了提高自身的竞争力，在一定程度上控制着自身的数量。

控制自身的数量有多重的含义，对于企业来说，控制数量可以提升质量，而限量版成功的话，更是盈利丰厚。

这样的数量控制运用到人类，是可以让地球更好地可持续发展。

40 年后的地球会是怎样？在今年美国科学促进会年会上，研究者告诉大家，那将是一个“无法辨认”的地球。只不过，“无法辨认”并不是指科技高度发达，而是指人口暴增、粮食奇缺、资源匮乏。

总部设在纽约的非政府间国际研究机构人口理事会成员约翰·邦加茨在年会上对联合国人口预期数字表示支持。

需要特别指出的是，“大多数人口增加将出现在贫穷国家，集中在非洲和南亚”。

世界自然基金会代表贾森·克莱说，为了养活这些人口，“未来 40 年间，我们人类需要产出过去 8000 年产出粮食的总和”，如果人口增长势头持续，“2050 年，我们这个星球将变得无法辨认”。

美国俄亥俄州立大学人口研究项目负责人约翰·卡斯特莱恩

说，人口激增将引发诸多问题，尤为突出的是气候变化、资源损耗和粮食紧缺。

研究者预测，未来40年，全球人口增长平均会是现在的3倍，而发展中国家会达到现在的5倍。人口的增加势必引发食物消耗的增加和浪费。贾森·克莱说："人更多，钱更多，消费更多，但星球却没有变，这是我们的问题所在。"

一些人口专家在年会上呼吁引入家庭计划项目，帮助控制人口，一方面有助于减少家庭负担，另一方面有助于减缓全球人口压力。"我们希望最小化人口增长率，而唯一可行的办法就是借助更加有效的家庭计划项目。"卡斯特莱恩说。

其实任何物种的生存繁衍，都有一个度，而这个度的控制一定程度上取决于环境。数量的控制，只是为了群体更好地生存，是放弃与获得的关系。没有舍哪有得？所以，放弃了一部分的数量，是为了另外一种获得。

当一股脑儿的流行风潮让大家感到厌倦的时候，每个人都开始追求独特和个性。

如今，Dior的最新款T恤很容易就能买到，LV的钱包在高级写字楼里随处可见，英国王室的最爱Burberry也不再是少数人的专利。这些所谓的大牌虽然售价不菲，却依然是有钱就能随时买得到的。于是此时，限量版商品变成了一种巨大的诱惑。

大品牌限量版产品的别名叫作"奢侈品中的奢侈品"，其生产原则是要把产品奢侈化到无法复制，限量到只有小部分人出高价才能拥有。或许有些人认为这种行为只是为了造噱头，但事实证明，奢侈品生产者和消费者都乐此不疲地为了限量版产品而频繁出招，每款限量版产品都会在短时间内被订购一空，消费者买到了个性，品牌提升了档次，自然是皆大欢喜之事。其实，限量版的核心价值并不在于产品，而在于它所能提供的梦想和独占性。

忠实的奢侈品买家每年都不忘玩一下限量游戏，从而尽情享受“只有我有”的骄傲心情。“限量”成了奢华和品位的代名词，也许你有时候会觉得，这逐渐渗入我们心灵的限量生活像是一个美丽的圈套，但更多的时候你会发现，它的确是一个新品位的新名词，人们最想要的是独一无二，仅仅是大牌早已不够了。

据国外媒体报道，尽管消费市场相对疲软，但是 iPad 销售势头依然强劲。分析人士预计，iPad 将与 iPhone 一样很快成为苹果的盈利支柱。尽管 iPad 不断有来自竞争对手的挑战，但是投资者依旧十分看好苹果的发展势头。不过分析师同时认为，由于 iPhone 和 iPad 供货有限，苹果不太可能给投资者带来过大的惊喜。

限量版珍贵在何处？事实上，限量版产品的确有比普通奢侈品更珍贵之处，它代表着稀有的数量、独特的设计和特别的纪念意义，顶尖的奢侈和极限的宠爱一样，讲究的都是精致到细枝末节的品质。一流的奢侈品牌是打造限量版的主力军，他们不定期推出限量版精品。

即使全世界发行，也会因为生产数量极其有限，导致每一个城市甚至国家只能占有少数几款。更特别的是，这些限量版大牌精品既浓缩了品牌最受欢迎的经典元素，还赋予了物品别致的设计，或是特殊的纪念意义，对于奢侈品收藏家来说更是梦寐以求。每年，世界各大品牌都会为生产限量版产品而绞尽脑汁，但从经济角度上讲，限量版产品并不能为品牌带来不菲的收益，有些品牌甚至愿意牺牲一部分经济利益而推出限量版产品，究其原因并不难发现，他们希望从限量版身上得到的，是消费者的充分认可，而不是金钱。

狼道法则

适当地控制自身的数量，是可以提升质量的，是为了有更好的竞争力，为了种族更好地繁衍下去。同样的道理也适用于人类，无论是人类自身还是企业，在一定的程度上，都要学会控制自身的数量。

第八章　舍弃小我，团队作战：

狼族屡试不爽的群狼战术

群狼难敌——团结就是力量

在广袤的草原或者戈壁上，狼群让老虎、狮子都会害怕，轻易不敢惹。因为一旦咬起来，老虎、狮子们占不了便宜，相反，由于“双拳不敌四手”，可能会被狼群吸尽身上的血，吃光身上的肉。首先，头狼从正面吸引老虎的注意力，让老虎始终注意前面，然后两只狼攻击老虎的四肢，另两只攻击颈部，还有一只寻找肛门等薄弱环节。这样，凶恶强大的老虎首尾难顾，应接不暇，最终毙命。兽中之王，亦怕兽中之狼。

人类社会，还有自然界，难免会有相对弱者，弱者在强者林立的环境中如何生存呢？其中一个生存法则就是联合起来，扭成一股绳，心往一处想，劲往一处使。最终，弱者可以不惧强者，与强者平起平坐，甚至制服强者。蚂蚁在人心目中可算是微不足道的弱小生命了。而正是这微不足道的蚂蚁却可以在地球上生存上亿年，而与它同时代的恐龙却早早灭绝了。蚂蚁的生存之道其实很简单，那就是抱团。

在非洲的热带雨林当中生活着一种蚂蚁，在遭遇危险的时候会忽然聚成一个大球。蚁后在球的正中间，有的蚁球直径有一米多。碰到山林火灾的时候，一个大蚁球从火场迅速滚到安全地带，尽管球最外侧的蚂蚁被烧得“噼啪”作响，但是仍然紧紧抱住不放。

更为神奇的是，这种“蚁球”可以自己渡过湍急的河流，有人就目睹了这一壮观的场面：一场暴雨过后，山洪暴发，一个直径一米多的蚁球从丛林中滚了出来，一头扎进汹涌的河水里，外边无数的蚂蚁纷纷被淹死，但是这个蚁球却迅速地向前翻滚。等到到达对岸的时候，蚁球只剩下大约一个足球那么大，但是整个蚂蚁部落还是幸存了下来。

单个的蚂蚁是弱小的，我们拿一个手指头就能把它摁死，但是成千上万的蚂蚁团结起来，却可以吞噬一整头大象，可以从山火中逃脱，可以渡过湍急的河流。我们拿蚂蚁的智力和人类相比，其间的差距何止万千，但是蚂蚁和狼一样懂得发挥群体的力量，人也应该懂得。一个人的力量是有限的，一旦人群团结起来，就可以移山填海，就可以飞越太空。

一位哲学家说过："人的价值，除了具有独立完成工作的能力外，更重要的是要具有与他人共同完成工作的能力。"这种"共同完成工作的能力"就是群体力量的根源，也是推动人类发展的无尽宝藏。

人们在谈论江苏华西村的传奇故事时，讲了许多经验，一条条的，但最核心的是什么呢？就是把单个农民家庭的资金集中起来了，集中了大量的财力搞乡镇企业，现在都是国际化集团了。资金集中，人心也团结起来了。华西村的奇迹就是将分散小农团结整合创造出来的。

广东格兰仕公司保持着微波炉市场占有率连续10年全国第一、7年世界第一的纪录，占据了全球市场近五成的份额；2004年它又取得一项全国冠军，空调柜机外销第一。

在格兰仕的生存与发展历程中，团队精神起到了至关重要的作用。1994 年，南方发洪水，厂房全部被淹，那曾是格兰仕最大的危急时刻。当时微波炉项目刚上马，资金都投进去了，竞争对手还冷嘲热讽。内外交困之下，没有一个人离开，大家一致要求实行两班倒，每天工作 12 小时，机器 24 小时运转。而销售部门的员工，很快就带着收回的货款回来了。有些销售代理商甚至提前打款过来。当时格兰仕可谓九死一生，是大家的精诚合作挽救了这个企业。

我们来看一个故事，从中也许能瞥见格兰仕团队精神的风采。

大学生梁杰初刚进格兰仕就被派到法国开发市场。他很幸运，一出去就逮住个客户：跟法国的一位经销商签下了一单 17 升系列微波炉生意。客户要求试探市场的首批 1 万台微波炉在圣诞节前交货，还说如果这个产品有市场，第一年要 10 万台，第二年增加到 20 万台。

梁杰初兴冲冲地带着订单回来交差。CEO 梁昭贤称赞了他一番，然后说："咱们公司的产品规格是 23 升，他们要 17 升的，得赶紧研制。现在是 9 月下旬，离圣诞节不到 3 个月，你要辛苦了。"梁杰初以为自己听错了，自己是做业务的，拿了订单回来就算完事了，怎么产品研制也要自己"辛苦"？梁昭贤解释说："海外市场刚开创，很多事情大家都是在摸索中。你看，不同的客户会有不同的要求，订单是你签下的，你最了解客户的要求，得你来跟进才行。"

此前碰都没碰过微波炉的梁杰初开始跑技术部门、生产车间，现学现卖。啃资料，和技术人员研讨……年轻的梁杰初很认真地跟进产品研发、质量控制和生产等每一个环节。由于各部门都积极配合，样机很快就做出来了。

梁杰初开心地把样机送过去，没想到人家一看，说里面好几个元器件没经过他们的认证机构认证，不行。梁杰初蒙了，这才知道有什么欧洲的 GS、GE 认证。他打电话回公司，声音都变了，副总裁陆荣发安慰他说："别着急，我们想办法变通。你发个 E－mail 回来，我们马上去找经过认证的元器件，你也找一下，记住货比三家。"

梁杰初松了口气，当即深刻理解了团队协作的重要性。已经是 11 月，找元器件的过程是一场争分夺秒的拼搏战，谈价钱的时候，明明急得要命，还得摆出一副淡定的样子，那真是考验人的意志，磨炼人的能力。

经过大家齐心协力的合作，格兰仕终于以最快速度拿出了让法国客户点头的样机，并抢在圣诞节前如期交货。后来，法国客户要求增加烧烤功能，他们也迅速做到了，由此奠定了格兰仕微波炉在法国市场的地位，并在欧洲其他国家推广开来。

格兰仕在 1994 年内外交困中，如果员工逃离、老板泄气，就不可能创造微波炉行业的这一世界名牌。

现在，大家都知道了团结的重要性，那怎么样才能建立起一个团结的团队呢？ 除了"团长"要有威信，要关心团员，建立起一个协作流程和必要的奖励政策之外，一个团队要有一种核心价值观，要有一种文化在里面。 要么是团队共同的奋斗目标和信仰，要么是"团长"的人格魅力和确定的荣誉原则。

总之，要有一种精神的东西在团队内贯穿着，才能凝聚人心、共历艰难；如果光靠物质，可能只是一时酒肉朋友，利益的结盟很容易散架。所以说企业文化建设才如此重要。

狼道法则

一只狼可能只能猎捕一些羊、鹿之类的弱小动物，但是群狼却可以不惧虎狮等大型猛兽，因为它们在头狼的率领下，精诚团结，各司其职，有时可用部分牺牲，换来团体的胜利。独狼并不十分弱小，都群起应敌，何况弱小的个体呢？弱者连横，独者结盟，才是生存之道。

协同作战：摒除独行侠的思想

在狼族的生存理念中，很重要的一条就是：团结合作，克敌制胜！

非洲大草原，一群饥饿的狼尾随在另一群数目庞大的野牛群后已经有好几天了，但它们却无从下口。因为双方力量对比非常悬殊，凶猛的野牛根本不把这些狼放在眼里，烈日下的狼三三两两，显得无精打采，疲惫不堪。因为野牛太强大了，一连几天，狼群没有采取任何行动。但随后发生的事情让所有目睹的人大为震惊。这一幕，被几个人类探险者记录了下来。

野牛群继续警惕而悠闲地漫步在草场上，狼群此时却已开始了早已策划好的行动。随着头狼的长嗥，一时间所有的狼突然间恢复了生气，狼群合成若干个小队，看似无目标地快跑起来，等到野牛群发觉有什么不对时，屠杀已经开始了。只见六条凶悍的狼如离弦之箭疯狂地冲向母牛与小牛聚集的中心区域，惊慌的牛群瞬时炸窝，四散奔逃。几组狼的分工任务此时已经非常明显了：有的挑逗着急红了眼的公牛，且战且退，让强壮的公牛渐渐脱离了大部队；有的左右迂回干扰，不断地让奔跑的小牛群更加惊恐；有的则从侧面聚拢那些企图突围的小股牛群。而被锁定目标的老幼病牛被有意驱赶到了一个高地，喘息未定的牛群此时才发觉，已经进入了早已精心设计的狼族陷阱之中，严阵以待、潜伏已久的狼族大部队迅速合围，屠杀很快结束了。

和野牛群相比，狼群是如此弱小，但胜利者却是狼，是讲求团队合作、协同作战的精神成就了狼。

毫无疑问，狼群最伟大的品质就是它们的合作精神。我们几乎可以将狼群的行动看成是“合作”的隐喻。张瑞敏就曾说：“狼最值得称道的是战斗中的团队精神，协同作战，甚至不惜为了胜利粉身碎骨、以身殉职。商战中的这种对手是最令人恐惧，也是最具有杀伤力的。”

狼崇尚团队合作的精神是值得我们颂扬的。树立团队意识，摒除独行侠思想，这是当今职场发展的“真经”。在团队合作能力日益被重视的今天，优秀的人才绝不再相信个人英雄的假说，而会积极地投入团队中，融合大家的智慧，开拓一片广阔的天空。

企业也是如此，企业是一艘巨大的航母，每一个员工都是它不可或缺的一部分。这艘航母能否朝着预定目标前进，依赖于全体员工的精诚合作。只有每一个员工的力量都保持一致，企业前进的利箭才会以无坚不摧的力量射中靶心。

我们知道，联邦快递是遍布全球的快递公司，但如果没有团结一心、使命必达的团队精神，那么它是无论如何也不会有世界500强的彩色光环的。

联邦快递团队随着业务的扩展分布在全球220个国家和地区，货物必须在24～48小时内就从地球一端的发件人手里送到地球另一端的收件人手里，因为这是使命必达的承诺。时间是如此之短，区域跨越又是如此之大，而且当货物出境后，运送环节上的团队成员就会变成另外一个国度的人。此时，如果没有各个国家和地区团队的合作精神，是不可能完成任务的。这种不同国家和地区的合作塑造了一个虚拟的联邦快递团队。在这个虚拟团队里，每天几百万个包裹通过几百架飞机在全球5万个投递点间流转。联邦快递要求无论你是哪个国家的雇员，无论你身处何地，只要是联邦快递的员工，那就同属一个团队，共担一份使命，就要去为“使命必达”贡献力量。

例如，中国的联邦快递职员可能在午夜时分突然接到西半球某个国家的联邦快递职员打来的长途，对方用地道的英语或含糊的英语（母语非英语的国家）急迫地询问某个包裹是否运抵中国，而这个包裹现在需要紧急转运至第三国。这时，中国的联邦快递职员必须首先在努力听清对方的意思后迅速查实货物的准确位置，因为可能因某种失误导致电脑记录失真，查实的难度就会加大；查实之后与对方甚至是第三方进行确认，再进行相应操作。这样的工作在联邦快递内网COSMOS系统上更是司空见惯，而当问题发生时，不借助团队的力量根本就没办法解决。

联邦快递的团队为了“使命必达”这一共同目标，成功地运用现代通信技术手段，依靠看不见的团队，互动地解决了跨越时间、空间和组织边界的各种问题，不仅保护了客户利益，确保了组织目标的实现，更增进了团队与团队之间的信任、理解与支持，从而强化了团队精神与团队协同战斗力。

团队需要这样的成员：他们具备实现理想目标所必需的技术和能力，而且相互之间有能够良好合作的个性品质，从而能够出色地完成任务。团队要求成员必须对团队表现出高度的忠诚和承诺，为了使团队获得成功，愿意去做与工作有关的任何事情。团队成员应对他们的群体具有认同感，把自己属于群体的身份看作是自我价值实现的一个重要方面，对团队的目标有很强的奉献精神，愿意为实现这个目标调动和发挥自己的潜能。

团队精神是企业真正核心竞争力之所在。市场竞争就是团队协作能力的竞争，许多在市场竞争中立于不败之地获得成功的公司，无不体现出精诚合作的团队精神。例如，通用公司奇迹般地崛起和茁壮成长，绝不仅得益于它的统军人物韦尔奇，还得益于韦尔奇麾下整个团队中每位员工的努力。这就是“人的价值高于物的价值，共同价值高于个体价值，共同协作的价值高于独立单干的价值，社会价值高于利润价值”的通用公司精神的写照。

时代列车已驶进21世纪，世界已进入全球化的时代，这是一个追求个人价值实现与团队绩效双赢的时代。现代社会化大生产经营模式，需要团队严密组织、团结协作，才能共同赢得未来。

狼道法则

个人英雄主义的时代已经终结，一个公司只有依靠所有员工的努力，才能做大做强。同样，个人也只有投入到企业的团队合作中，才能发挥自己的能力，如果只强调个人的力量，你表现得再完美，也很难创造很高的价值，所以说“没有完美的个人，只有完美的团队”。

承担责任，努力扮好自身角色

在狼族中，每只狼都承担着自己的责任。比如，领导狼群的责任由头狼担当，其余的狼则共同承担整个狼群的其他事务。

当一纵队的狼群为追捕猎物而穿越广阔无垠的雪地，一只狼紧接着另一只狼在雪地中慢慢行进，这时只有广阔的大地、如银的白雪与坚韧的狼群交映生辉，这是一幅多么美丽的画面啊！

当狼群穿越雪地时，最常使用的队形是“单一纵队”，狼群里领头狼往往扮演着开路先锋的角色。由于需要在雪地中寻找猎物，又要警惕其他天敌的攻击，领头狼还要不断推开眼前柔软无边的雪堆，这样会消耗极大的体能。

当纵队的领头狼疲累之后，它会移往队伍旁边，让下一只狼担任开路先锋的任务，它就可以跟在队尾，轻松一下，养精蓄锐，迎接新的挑战。如此不断替换开路先锋，让狼群的捕猎队伍成员能够在耗费最少体能的状况下，保留体力以应付即将面对的狩猎挑战。

在母头狼产下一窝幼崽后，通常有一只成年的雄狼担当起“保姆”的角色，这样母头狼就可以暂时摆脱当妈妈的责任，再次和公头狼去进行“蜜月狩猎”。

事实上，狼群在哺育期时，它们的集体主义意识和协作精神远远胜过人类。每一只成年狼都各司其职，担负着抚育后代的重任，它们在捕猎时总是分工合作，彼此照应。遇到危急时，狼群总是用自己尾巴的摆动、鼻子的相触来相互安慰。

在狼群中，并非每一只狼都积极争取领导者的“职位”。所有的狼都满足于自身所扮演的角色，并不断地努力，以达到最完美的团队合作。

再来看看狼捕猎时的场景。狼群在围猎时，有严格的战术和作战纪律。每只狼都有自己的任务，任何狼都不能擅离职守。有些狼要做先锋，去骚扰猎物；跑得快的狼去围追或者到前面堵截；强壮的狼去猎杀强壮的猎物，弱小的狼去猎杀相对弱小的猎物。

狼是一种讲求分工合作、善于协同作战的动物，是所有群居动物中最有秩序、最有纪律的种群之一。常言道“恶虎难敌群狼”“群狼能败狮”，可见，狼族群体作战具有何等的威力。自然界的许多动物，包括人类在内，一旦触怒了狼，或是被狼群锁定为目标，后果是相当可怕的，最终的胜利者大多是狼。

人们在长期观察中得出这样的结论：在狼群中，分工极其明确，所有的狼都满足于自身所扮演的至关重要的角色并且只听命于唯一的领袖：头狼。通过每只狼的努力，狼群达到了最完美的分工合作。

在专业化分工越来越细、竞争日益激烈的今天，分工合作的机会越来越多，我们每个人在团队工作中，都应充分发挥自己的作用与优势。

狼道法则

在团队工作中，我们一定要注意合理分工，并找准自己的最佳位置，努力扮好自身角色，积极地配合上级的分工安排，这样一定能为团队带来无穷效益，并在团队中不断提升自己。

珍惜荣誉：充满团队自豪感

每一次捕猎、每一次战斗，以及每一次满载的收获，都会让狼群的每个成员充满自豪感，它们用此起彼伏的嚎叫来庆祝团体的胜利。

在狼的集体精神中，最精髓的部分就是它们的团队荣誉感。人的一生也是需要荣誉的。没有荣誉的人生，是黑漆漆的、暗淡无光的；有荣誉的人生，是积极向上的，是五彩缤纷的。人应该是理智感情和品格发展到最高程度的动物；人不只要生存，而且要荣誉。荣誉是人生中值得追求的东西，所以英国的诗人拜伦有两句诗道：“情愿把光荣加冕在一天，不情愿无声无息地过一世!”

荣誉是劳动者的嫁妆，是劳动者甘美的报酬，是加于廉洁无私的爱国者那思虑深重的头上，或是胜利的勇士那饱经风霜的头上的闪光桂冠。

劳动者的荣誉是我们刻在事物上的标记，正是这种无法涂抹的标记，决定了所有人、所有劳动的全部价值。我们会相信，在人生丛林中，那些带着“荣誉嫁妆”的付出者，意味着一种神圣的力量!

企业对荣誉的珍视，应该达到了痴迷的程度。为了集体的利益与荣誉，个人必须坚决遵守他们所制定的“荣誉守则”。在这个守则的条例里，没有谁能随意践踏这些比生命还宝贵的荣誉。这个荣誉守则对于培养员工的团队精神和凝聚力起到了不可估量的作用。

可以这样说，一个没有荣誉感的团队是没有希望的团队，一个没有荣誉感的士兵不会成为优秀的士兵。

公司对于我们每个人的意义，也许不尽相同，但对于忠诚的员工来讲则是家的感觉。让我们一起来看一看杜邦公司的明星员工是如何对待他的公司的：

如潮的掌声向我涌来。11月24日，我，麦克尔·柯维，美国海军退伍军人，杜邦公司两年工龄员工，正在底特律第二次接受“年度杜邦员工最高成就奖”。

作为一名军人，我已获得了无数的荣誉。而作为一名员工，我也仅用两年就达到了个人职业生涯的高峰。

我出身于美国底特律南郊迪尔本镇一个普通农民家庭，19岁高中毕业就应征入伍。1991年9月1日那天，我穿上了军装，开始了十年的军人生涯。在这十年的军旅生活中，美国海军的“军人之魂”重新塑造了我的性格，彻底改变了我的命运。这对我后来走入工作岗位，并成为一个出色的员工，产生了深远的影响。

现在，我已在杜邦公司工作两年了。在这两年里，我第一年就被评为公司“优秀员工”，并在第二年被评为杜邦公司唯一的“明星员工”。10月份，我幸运地被提升为分公司营业部经理。公司总部的嘉奖令上是这样写的：“麦克尔·柯维先生已经把杜邦公司当成了他自己的公司，我们没有理由不奖励麦克尔·柯维先生。确实，这是我们共同的公司。”

杜邦公司员工的这段话告诉我们：军人视荣誉为生命，任何有损军人荣誉的语言和行为都应该绝对禁止；同样，如果一个员工对自己的工作有足够的荣誉感，以自己的工作为荣，他必定会焕发出无比的工作热情。每一个企业都应该对自己的员工进行荣誉感的教育，每一个员工都应该唤起对自己岗位的荣誉感。可以说，荣誉感是团队的灵魂。

那么，个人如何培养团队的荣誉感呢？

在波澜起伏的商海中，企业就像一条船，若没有企业这条船，船上的人也无法生存。既然同是企业这条船上的员工，就应该共同为企业的生存考虑，为企业的共同利益考虑，而不是过多地考虑自身的利益，不要因为一己之私而使“船”沉没。

不管是一个普通员工，还是一名管理者，既然进入了一家公司，就要把自己的工作和公司的成长壮大紧密结合起来，与公司同生死、共命运。这样，在公司取得重大的发展时，你才会有巨大的荣誉感，否则就是窃取别人劳动成果的“老鼠”。优秀的公司是由优秀的员工组成的，公司会因有你这样优秀的员工而自豪。当公司的发展遇到困难时，你就会感到自己责任重大，为改变公司的窘境而倾心尽力。这样，你才能在公司这艘船上成为一名卓越的员工。

而那些没有把公司当成家的人，就如同离了群的孤雁一样，永远没有依托，自然也不会从公司大团队中获得鼓励，就更谈不上和公司一起成长了。当然了，每一个致力于持续发展的公司也不会吸收这样的人进来，因为他们不但不会促进公司的进一步成长，而且还会成为公司进步的阻碍，甚至导致公司受到重创，比如商场上屡见不鲜的泄露公司机密、带走公司重大客户等现象。

狼道法则

我们既然是同在一条船上，同在一个大家庭里，那么我们理应成为一个团结互助的团队，大家同舟共济，拧成一股绳，共同维护集体的荣誉和利益。

尊重群狼个体之间的差异性

在狼群中，每个个体都是不一样的，它们拥有各自的本领。虽然个体需要绝对服从头狼的命令，但是头狼也会尊重个体之间的差异性来合理地分配任务，让每只狼都发挥自己的特长。

在集体环境中生活，成员之间、成员与集体之间难免会有意见的不统一，常常会有个人的意见在集体的大环境之下不能真正地被表达出来的时候。加州 Larkspur 的一家咨询培训公司 Bay Group International 的市场和研发执行副总裁保罗·亨尼西说："正如 William Wrigley Jr. 过去常说，'生意上如果两个人意见总是一致，有一个人就是多余的'。"意见的差异性（或者说分歧）在组织中的重要性可见一斑。

很多团队的管理者往往会对冲突十分避讳，无论是良性冲突还是恶性冲突，他们都会采取种种措施来避免。管理者们的担忧主要表现为三种情况：一种是把冲突视为对领导权威的挑战，为了保持对团队的控制，他们往往会果断地选择拍板而不是讨论；第二，过于激烈的冲突往往会引发团队内部的分裂，带来不和谐音符；第三，在冲突中受打击的一方不仅会伤及自尊，同时也会对成员的自信心造成很大的影响，不利于团队整体工作效率的保持和提升。

斯隆，作为通用汽车公司的第 8 任总裁，总是鼓励员工提出不同意见。这种大度促使中层主管们勇于表达对决策的异议，即使面对公司最高管理层，主管们也不用担心这种行为会危及自己的职业生涯。

斯隆永远不愿通用卷入任何一场矛盾之中，这会破坏公司的平稳运营。在他担任通用总裁期间，他创立了各种特别委员会，鼓励不同的观点，定期和不定期地召开圆桌会议，以满足各种需要。斯隆强调，这些委员会必须有做出决策的权力。在实施这些决策前，委员会要听取各个委员的不同意见。

他很清楚，这个鼓励团队成员提出异议的方法，正是帮助团队成员达成一致意见、做到互相理解的渠道，也只有出现了不同意见，才能最终达成一致。

公司鼓励使用表达异议的一个方法是采用备忘录。主管们都可以以备忘录的方法表达异议。这种备忘录无论是在会前会后，都起到了促使成员提出异议的作用。

斯隆是个言行合一的人，他认为公司管理层是否能够听取不同意见十分重要，无论提出异议的人脾气如何暴躁、态度如何强硬和不肯妥协，都要允许他提出意见。有一次，一位同事与斯隆发生矛盾，很多人都认为，斯隆完全可以对此置之不理，当时通用的一位律师问道："既然这位员工如此烦人，您为什么不把他解雇?"斯隆反问道："解雇他？多荒谬的主意，他只是在完成他的任务。"

一个团队的员工同时存在着差异性，既有充当执行主力的一般员工，也有能力优秀作为模范的业务精英，协调他们之间的差异性，团队管理者根据不同的标准识人、选人、育人，这往往会成就一个团队的创造力。但是，尊重差异性并不代表某个个体可以因为能力突出或业绩突出，不服从管理或有意无意使自己游离于群体规则之外，遇到这种情况，就需要加强群体内部沟通，以坦诚的态度使其既感受到尊重，又要以明确的态度使其明白必须服从管理。

东方卫视有一期关于内蒙古小肥羊集团有限公司董事长张钢的访谈。当节目结束，主持人袁鸣问到他关于成功的秘诀时，张钢讲到“分享”两个字。“充分信任合作者、乐于利益分享”这是张钢的合作者对他的评价，这也是合作者们认为这位民营企业家之所以能成功的最核心的因素。

该公司在每次会议中会控制领导和管理者的发言时间，当然除了做培训，腾出一定的时间交给员工演讲。在工作中能提出有效的模式和办法并被实践证明是有效的员工，以及在工作实践中认为自己有好的经验和办法愿意和大家一起分享的员工可以参与演讲。

为了选出每次可以在会议上演讲的员工，张钢建议企业领导和管理者在日常工作和市场走访中，要多留意有创新意识和勤思考并能够在工作中付诸实践的员工，并鼓励这些员工主动在会议上演讲，听取他们的意见、理解他们的想法。

为了保留和记录员工的智慧，公司把这些员工的发言稿结集成册，作为企业的内训教材，形成公司范围内的文化和智慧。

这家企业的董事长以前总埋怨自己企业没有人才，人才难招，人才难培养。但是这一措施实施后，董事长总是把参加这样的会议作为自己工作的重要安排。他事后说，以前自己的看法都是错误的，通过这个途径他发现自己公司原来有这么多自己没有发现的人才，而且自己也从员工的演讲中学习到很多东西。今后他还要通过这种形式来培养和选拔干部。

公司听取员工意见的做法，极大地激发了员工的工作热情和积极性，大家把能在大会上演讲作为一种荣耀和锻炼展示自己的机会。通过分享，不仅让演讲者本人去系统总结提炼自己的经验和办法从而获得提高，而且其他员工也从这种分享中得到了别人的经验和办法，从而加快了成长的速度。

一项正确的决策，在一个鼓励不同意见、宽容不和谐声音的环境中更容易做到。狼群通过斗争可以选出更加强大的领导者，成员的个性差异也会为团队带来利益。团队讲究的是相互之间的帮助，因为团队成员的层次不同，能力大小有差异，所以这时协调就变得很重要。尊重个体差异，相互之间取长补短，才能共同进步。

狼道法则

世界上没有两片完全相同的树叶，组织成员之间也是一样的。组织中的成员常会发生各种各样的冲突，或者为了自身的利益，或者为了集体利益。因为群体成员之间存在差异，冲突是不可避免的，而恰当地利用这种冲突，往往会带来对组织更加有利的结果。同时，某种具体的冲突不能无休止地进行下去，否则集体的利益就会受到侵害。只有充分尊重个体，承认他们之间的差异性，才能高效地行事。

服从是群狼的天职

狼是纪律性极高的猎手，头领的集会号令即是军令，无论身处何地，只要听到召唤，都要尽快地循声以往，集体作战。只要头领发现目标，一声令下，狼群就会迅速执行，绝不贻误战机。工作中，比遵守纪律、服从命令更高的要求就是百分百执行。

任何一位老板都会用各种方法考察刚入职的新员工的能力，此时所需要的不是新员工井喷式的成绩涌现，也不是飞扬跋扈的个性展现，而更需要的是你不打折扣地执行老板的命令。只要是遵循这样的道路发展，你将很快得到提升。查理的故事讲明了这一切。

查理到某大公司应聘部门经理，老板提出要有一个试用期。但出乎查理意料的是上班后被安排到基层商店去站柜台，做销售代表的工作。一开始查理根本无法理解，但还是毫无怨言地坚持了三个月。后来，他认识到，自己对这个行业不熟悉，对这个公司也不是很了解，确实需要从基层工作做起，才可能全面了解公司、熟悉业务，何况自己虽然做的是销售代表的工作，但拿的仍是部门经理的工资。

尽管实际情况与自己最初的预想有非常大的差距，但是查理明白这是老板对自己的一种考验，他坚持下来了。三个月以后，他负责部门的所有工作，结合三个月最基层的工作经验，查理带领团队取得了骄人的成绩。半年后，公司经理调走了，他得以提升；一年以后，公司总裁另有任命，他被提升为总裁。在说起往事时，他颇有感慨地说：“当时忍辱负重地工作，心中别提有多委屈了，但我也明白这是老板在考验我的忠诚度，于是坚持了下来，最终获得了老板的信任。”

在上任的初期，不要问公司给予了你什么，要问你为公司做了什么。只要你在工作的过程中不找任何借口、不打折扣地执行公司的命令和决议，你的付出终将会有回报。是金子总会发光的，如果在步入环境的初期，你就将自己的光芒散射出来，这样不仅仅会让你周边的同事对你的印象大打折扣，同时也很有可能因为你的过分炫耀而迷失了自己在团队中的方向。

我们都处于一个企业或者公司中，这就是一个大的团队。身为团队中的一员，无论自我感觉如何优秀，都要一心一意地服从团队的制度和安排。不听从指挥的员工危害企业生产力，迟早会被无法忍受的企业扫地出门。他们使老板觉得自己形同虚设，权威受到伤害，还影响公司全体成员的协调性。

哈里斯是一家合资企业的老总，他很注重员工的团队作战基本素质。有一天，他召集了几个平时表现出色的高级主管，告诉他们：“我今天有一个新的改制计划，就是把几个部门的内部制度进行融合、调整、更新。在进行这项工作之前，你们几位先用一个星期的时间到外地的各大企业做一个全面的巡察，然后把你们的所见所闻给我汇报上来，10 分钟后开始执行！

“这时，我回到办公室暗中观察几位主管的动向。有几位主管在一块儿议论纷纷，说天热，这么多企业让我们如何调查啊？就是有了新的改革方案，老总也不一定按照我们的调查结果而改动原先的计划啊。看来他们犹豫不决，迟迟没有开始行动的意思，只顾抱怨。最后，有一个年轻的主管走了过来，对其他几位主管说：‘哥们儿，时间不早了，咱们快点行动吧，反正只有一个礼拜期限，出去走一走也算长点见识啊！’一个礼拜过去了，他们都提交了调查报告，这位年轻的主管得到了提拔，出任市场部的经理助理。我必须挑选那些服从我的命令、把团队利益放在第一位的人。”哈里斯说。

不要认为服从是一种懦弱的表现。作为企业的一名员工，企业不喜欢什么事都不顾团队的利益按照自己的想法草率行事的员工。这样的员工即使再有能力，也会给人一种傲慢自负、不善于团结作战的印象。相反，那些虽然个人能力不是很强，但踏实工作，服从企业里的每一项制度或者安排，虚心向周围的每一位同事或者领导学习，集体荣誉永远在心中的员工更受团队的欢迎。这样的服从者，不仅让团队的劲往一处使，在服从中，自己也会从中学习更多经验与知识，从而得到提升。

不找任何借口，需要你百分之百、不打折扣地去执行！

全面完成任务，需要你百分之百、不打折扣地去执行！

追求卓越，创造辉煌，需要你百分之百、不打折扣地去执行！

时代在不断地向前发展，在生活的舞台上每一个人都有展现自己的机会。为什么有的人能当总统，有的人却不能？为什么有的人是有钱人，有的人却一贫如洗？为什么有的人干什么成什么，有的人却一生一事无成？像格兰特那样，把事情干到最好，你就有机会成为最成功的人。这个世界已经与你以前所认识的世界完全不同。以前，当你在浑浑噩噩的时候，别人可能正在发愤图强。然而今天，当你在奋斗的时候，别人也照样在奋斗；当你在学习的时候，别人也照样在学习。命运不再垂青那些仅仅懂得基本生存技能的人，而是垂青那些主动执行并且在工作中展现自我能力、善于完成任务的人。接受了任务，意味着做出了承诺；做出了承诺，就意味着需要不打折扣、百分百地去执行。

1. 速度第一

执行力高低的一个衡量尺度是行动的快速与否，因为现在速度已经成为决定成败的关键因素。当然快与慢是辩证的，因为快速执行并不是要求你为了达到目标而不计后果草率考虑事情，并不是允许任何人为了抢速度而降低工作的质量标准。迅捷源自能力，简洁来自渊博。员工的快速执行首先要建立在强大的思维能力的基础之上，在短时间里做出相应的准确判断。杰出的员工能够不断探寻业务模式和事物的因果关系，能够尝试从新的角度看问题。

2. 对工作专注用心

对工作专注用心是做好任何事情的前提条件，在执行工作任务时，应先把心思集中到如何快速、高效完成任务的思考上来。专注是一种态度，更是一种对于工作的全身心投入，当眼中、脑中只剩下目标的时候，与目的地的距离也会随之缩短。

3. 注重团队协作

你的工作往往不是孤立的，要出色完成上司交代的工作，必然要依靠团队协作。强调执行力绝不是要让你单枪匹马地闯荡，而是协同团队共同前进。组织的团队精神包括 4 个方面：

第一，团队中的每一个成员应该同心同德，向着同一个目标进发：组织中的员工相互欣赏、相互信任，而不是相互瞧不起、相互拆台。员工应该发现和认同别人的优点，而不是凸显自己的重要性。这是中华民族的美德，也是企业中的员工共同进步的首要原则，更是企业发展的必经之路。

第二，团队中的每一个成员应该互帮互助：不仅是在别人寻求帮助时提供力所能及的帮助，还要主动地帮助同事。反过来，我们也能够坦诚地乐于接受别人的帮助。帮助不是强大与弱小的必然代名词，而是在工作中及时听取他人意见的表现，这也是团队沟通中所必备的手段之一。只有团队成员之间形成紧密的合作，企业才能稳步向前。每个人都在向同一个方向使劲，那么集合起来的合力才是最大的。

第三，团队中的每一个成员应该具备奉献精神：组织成员愿为组织或同事付出额外努力。任何一份工作都不是个人能力的独立体现，而是要求团队成员间相互合作，在这个过程中就需要各成员具有一定的奉献精神，为目标的最后实现暂时放下自己的个人情绪，从大局出发，争取实现共同目标。

第四，团队中的每一个成员应该具备团队自豪感：团队自豪感是每位成员的一种成就感，这种感觉集合在一起，就可以凝聚成为战无不胜的战斗力。 企业中个人的成绩不是你用来自我炫耀的标准，其实，团队自豪感是对集体荣誉的一种认识。 这是一种目标一致的合力，正是因为团队中的每一位成员都能向着最终目标进发，才能形成这样一种团队成员间共同存在的自豪感。

狼道法则

军队，需要士兵忠于职守，执行命令百分百，不打折扣；社会，需要公民遵守法纪，履行义务百分百，不打折扣；公司，需要员工完成任务，执行计划百分百，不打折扣！服从命令可以让我们的道路更为简洁与畅通。不打折扣地执行，需要员工在完成任务的过程中严格按照公司的既定计划行事，一步一步地做，不折不扣地做，而不是在背后另搞一套！

形成合力，绝不内耗

狼群是一个团结的团体，在狼群中头狼的竞争是很激烈的，但是狼与狼之间会相互克制，即使在头狼的争斗中，相互打斗决出最强的头狼之后并不会互相残杀，消耗狼群的战斗力。狼群在生存中会形成合力，绝不内耗。

内耗是指个体之间由于不协调或无序而引起的互相干扰、互相抑制，从而形成的一种团队发展不良现象。由于内耗往往是无规则或按照潜规则隐蔽地进行，个体通过阻碍、干扰其他个体而达到自己的目的，其结果是负面的。对个体而言，损人不利己，费时又费力，毫无益处；对组织则会造成长久的消极甚至致命的影响。所以，在经济运行过程中减少甚至消除内耗是一项较重要的任务，也是当前很多单位或部门亟待破解的难题之一。

在群体心理学中，人们把社会或部门内部因不协调或矛盾等造成的人力、物力等方面无谓的消耗而产生的负效应现象，称为内耗效应。

这一效应在群体中常常发生，例如领导班子、工作班组、各种团队中，也可能发生在群体之间，例如部门之间，还可能发生在个体与群体之间。不论何种形式，其本质是它对外没有做功而只是内部消耗能量。因此，这种内耗效应不除去，工作效应就很难得到提高。

内耗存在的危害也是显而易见的，让我们通过以下的例子来具体说明：

从前，有两位很虔诚、很要好的教徒，决定一起到遥远的圣山朝圣。两人背上行囊，风尘仆仆地上路，誓言不达圣山朝拜，绝不返家。

两位教徒走啊走，走了两个多星期之后，遇见一位白发年长的圣者。这圣者看到这两位如此虔诚的教徒千里迢迢要前往圣山朝圣，就十分感动地告诉他们："这里距离圣山还有十天的脚程，但是很遗憾，我在这十字路口就要和你们分手了，而在分手前，我要送给你们一个礼物。什么礼物呢？就是你们当中一个人先许愿，他的愿望一定会马上实现；而第二个人，就可以得到那愿望的两倍。"

此时，其中一教徒心里一想："这太棒了，我已经知道我想要许什么愿，但我不要先讲，因为如果我先许愿，我就吃亏了，他就可以有双倍的礼物，不行！"而另外一教徒也自忖："我怎么可以先讲，让我的朋友获得加倍的礼物呢？"于是，两位教徒就开始客气起来。"你先讲嘛！""你比较年长，你先许愿吧！""不，应该你先许愿！"两位教徒彼此推来推去，客套地推辞一番后，两人就开始不耐烦起来，气氛也变了："你干吗？你先讲啊！""为什么我先讲？我才不要呢！"

两人推到最后，其中一人生气了，大声说道："喂，你真是个不识相、不知好歹的人，你再不许愿的话，我就把你的狗腿打断，把你掐死！"

另外一个人一听，没有想到他的朋友居然变脸，竟然来恐吓自己！于是想，你这么无情无义，我也不必对你太有情有义！我没办法得到的东西，你也休想得到！于是，这一教徒干脆把心一横，狠心地说道："好，我先许愿！我希望——我的一只眼睛瞎掉！"

这位教徒的一个眼睛马上瞎掉了，而与他同行的好朋友，也立刻两个眼睛都瞎掉了。

原本，这是一件十分美好的礼物，可以使两位好朋友友好共享，但是人的狭隘、贪念与嫉妒，左右了自己心中的情绪，所以使得"祝福"变成"诅咒"，使"好友"变成"仇敌"，更是让原来可以"双赢"的事，变成两人瞎眼的"双输"！

内耗既是人类狭隘心理的展现，同时也是对自身价值的一种变相否定。

人生多一点分享的心态，少一点内耗的行为，我们会看到更精彩的风景。内耗，生命不能承受之重！内耗，只会让我们步入生命的死谷，在人性阴暗的"无间道"中经受着炼狱般的痛苦与煎熬，永远得不到阳光与雨露的滋润！

有两个重病人，同住在一家大医院的小病房里。房间很小，只有一扇窗子可以看见外面的世界。其中一个人在他的治疗中，被允许在下午坐在床上一个小时（有仪器从他的肺中抽取液体）。他的床靠着窗，但另外一个人终日都得平躺在床上。

每当下午睡在窗旁的那个人在那一个小时坐起的时候，他都会描绘窗外景致给另一个人听。从窗口可以看到公园里的湖。湖内有鸭子和天鹅，孩子们在那儿撒面包片、放模型船，年轻的恋人在树下携手散步，在鲜花盛开、绿草如茵的地方，人们玩球嬉戏，头一排树顶上则是美丽的天空。

另一个人倾听着，享受着每一分钟。一个孩子差点儿落入湖里，一个美丽的女孩儿穿着漂亮的夏装……他朋友的述说几乎使他感觉自己亲眼看到了外面发生的一切。

然而，在一个天气晴朗的午后，他心想：为什么睡在窗边的人可以有独享窗外风景的权利呢？为什么我没有这样的机会？他觉得不是滋味，他越这么想，就越想换位子。他一定得换才行！有天夜里他盯着天花板瞧，另一个人忽然惊醒了，拼命地咳嗽，一直想用手按铃叫护士来。但这个人只是旁观而没有帮忙——尽管他感觉同伴的呼吸已经停止了。第二天早上，护士来的时候那人已经死了。

过了一段时间后，这人开口问，他是否能换到靠窗户的那张床上。他们搬动了他，帮他换位子，使他觉得很舒服。他们走了以后，他用手肘撑起自己，吃力地向窗外望去……窗外只有一堵空白的墙。

“万事以和为贵”，但企业中总会存在各种各样的矛盾和冲突，这就需要管理者因势利导地处理和化解冲突。

企业文化也是决定内部冲突的重要因素，企业文化的定义是指一个企业的价值观、道德规范、行为准则、规章制度等内容。企业文化决定了为了企业的长远发展，员工应当遵循什么样的原则、什么事必须做、什么事一定不能做、必须以什么样的方式做事等等。

企业文化塑造最根本的作用就是升华企业员工的思想境界，使企业的管理层次得以升级。 没有企业文化塑造的企业管理主要依靠各级领导的检查、监督、督促、内部冲突处理等，使企业的领导者陷身于繁忙的琐事当中。而企业文化塑造优异的企业实现了各级员工发展目标和价值取向的一致，内部冲突会大大减少，其管理更多的是依靠员工的自我管理，领导者可以集中精力于企业的长远发展。企业文化是一贴看不到的黏合剂，它把企业的员工紧密地凝聚在一起，为了共同的发展目标和价值取向而共同奋斗。

企业本身并无价值观，而是企业成员的价值观。人人都有基本的价值观，它通过个体行为及态度意向表现出来。当绝大多数成员的价值观呈现大致趋同化状态时，便使企业行为方式带有了共同特质，企业文化在价值观层面上达成了共识。

企业文化内部传播的意义还在于通过各种手段和方式，在企业全体员工中加强、深化交流和沟通，形成对企业物质文化、制度及行为方式、企业精神和价值观的共识，以减少甚至消除企业内冲突和分歧，从而便于以整合和一体化的风貌对外展示企业形象。

狼道法则

狼和狼之间，遵守着一定的规则，它们不会无故互相残杀，消耗自己的力量。人与人之间、个人与团队之间，都需要我们懂得自重和分享，因为只有和谐地团结在一起，才能追求共同利益的最大化，团队形成的合力是强大的。